LE PETIT LIVRE DES OISEAUX

ちいさな手のひら事典

とり

LE PETIT LIVRE DES OISEAUX

ちいさな手のひら事典

とり

アンヌ・ジャンケリオヴィッチ 著

上田恵介 監修
ダコスタ吉村花子 翻訳

目 次

はてしない鳥の物語	7	コンドル	52
		ニワトリ	54
イヌワシ	12	ズキンガラス	56
ワタリアホウドリ	14	ハクチョウ	58
ヒバリ	16	ホンケワタガモ	60
コンゴウインコ	18	エミュー	62
ダチョウ	20	ホシムクドリ	64
ソリハシセイタカシギ	22	コウライキジ	66
タシギ	24	チョウゲンボウ	68
ハクセキレイ	26	ニワムシクイ	70
ウソ	28	オオフラミンゴ	72
コウラウン	30	ミヤマカケス	74
ノスリ	32	オオカモメ	76
サンカノゴイ	34	カワウ	78
キバタン	36	カンムリカイツブリ	80
ウズラ	38	ウタツグミ	82
オオサイチョウ	40	ワシミミズク	84
マガモ	42	クロヅル	86
キゴシツリスドリ	44	ヒゲワシ	88
モリフクロウ	46	アオサギ	90
シュバシコウ	48	ツバメ	92
アカハシハチドリ	50	クラハシコウ	94

ナンベイレンカク	96	シャカイハタオリ	140
ブラウンキーウィ	98	ニシブッポウソウ	142
ライチョウ	100	サヨナキドリ	144
ニシコウライウグイス	102	ヨーロッパコマドリ	146
ニシツノメドリ	104	ヨーロッパヨシキリ	148
アラナミキンクロ	106	ジャワアナツバメ	150
コウテイペンギン	108	セリン	152
カワセミ	110	ベニヘラサギ	154
クロウタドリ	112	ズグロウロコハタオリ	156
アカトビ	114	オニオオハシ	158
イエスズメ	116	ミソサザイ	160
ユリカモメとミツユビカモメ	118	ミミハゲワシ	162
ハイイロガン	120	ホウオウジャク	164
ノガン	122		
インドクジャク	124	鳥名称一覧	166
モモイロペリカン	126	おすすめの書籍、	
ヨーロッパヤマウズラ	128	ガイドブック、	
セキセイインコ	130	ウェブサイト	171
ヨーロッパアオゲラ	132		
カササギ	134		
モリバト	136		
ツリスガラ	138		

は て し な い 鳥 の 物 語

　初期の鳥は、現代の鳥とは似ても似つかない姿だったようです。かつて鳥の祖先は始祖鳥とされ、その姿は1861年にドイツで発見された化石から復元されました。体長はカササギほどで、1億5000万年前のジュラ紀後期に生息していましたが、ほとんど飛ぶことはなかったと古生物学者は推定しています。2010年に中国で鳥の古い祖先の化石が多く見つかったことから、鳥類の系統についての再考が迫られています。

数世紀にわたる鳥類学

　専門家たちは長年、鳥の分類に取り組んできました。古代ではアリストテレスが実に170以上もの種に言及し、中世ではタカの飼育への関心が高まり、いくつかの種について非常に正確な考察がなされています。16世紀になると、博物学者ピエール・ブロンが『Histoire de la nature des oiseaux（鳥の自然史）』を刊行し、解剖学的構造と行動をもとに分類を行いました。その1世紀後には、フランシス・ウィラビイによる『Ornithologia（鳥類学）』が発表され、科学としての鳥類学が幕を開けます。1760年に刊行されたマチュラン・ジャック・ブリソンの『Ornithologie（鳥類学）』における分類法は、その後1世紀にわたって使われ、ブリソンに触発されたジョルジュ＝ルイ・ルクレール・ド・ビュフォンは、『Histoire naturelle des oiseaux（鳥の自然史）』において鳥の地理的分布に言及しました。19

世紀になると、鳥類学者ジョン・ジェームズ・オーデュボンが各地を旅し、数多くの鳥の絵を発表、続く20世紀には、ジャン・ドラクールが鳥類相の権威と目されました。

あらゆる地に生息する鳥たち

　鳥綱（Aves）は29目に分かれ、なかでもスズメ目の鳥は現在知られている鳥類の半分以上を占め、各目は科（200以上）、属（2200以上）、種（約1万）にわかれます。北極南極から熱帯地域まで、沼地から砂漠まで、森、草原、街、海、高山など、鳥はあらゆる地域に生息し、世界の鳥類相に目を向けると、潜水する鳥、歩く鳥、飛翔する鳥などが存在します。南極のコウテイペンギンのように1つの地域のみに生息する鳥もいれば、カモメやスズメのように世界各地に生息する鳥もいます。

似て非なるもの

　すべての鳥は2つの翼、2本の足、羽毛、くちばしをもっています。しかし鳥全体に共通するこうした構造にも、個々では大きな違いが見られます。たとえば、くちばしはその鳥の食生活を反映し、猛禽類では肉を裂くために短くかぎ形に曲がっていますが、サギ類では魚を突き刺すために剣のような形をしています。沼地を歩きまわるサギ類の足は長い一方、カモ類などの

水鳥は水をける必要があるため、足は短く、水かきがついています。

長距離を旅する渡り鳥

　ペンギンや走鳥類（ダチョウ、キーウィ、エミューなど）は、その特殊な身体の構造から、歩くことしかできませんが、その他の鳥類は飛ぶことができます。キジ目（ウズラ、ヤマウズラなど）の鳥は、短く丸みを帯びた翼をたたきつけるようにして飛び、並外れて大きな翼をもつ猛禽類やアホウドリは、悠々と帆翔します。毎年越冬のためにやってくる何百万もの鳥は、通常、磁場を頼りに同じルートを取ります。ヨーロッパに生息する鳥のなかには、サハラ砂漠を渡り、何千キロメートルも旅して、南アフリカで越冬する鳥類も。日が短くなり、季節の変わり目がきて、冬が近づいてエサが少なくなると、出発の時期の到来です。

繁殖期

　オスとメスがよく似ている鳥もあれば、まったく異なった外見の鳥もあります。カモ目やキジ目のメスは地面に巣を作るので、目立たないよう地味な羽の色をしています。フクロウやミミズク、ヨタカも日中に睡眠をとるため、目立たない自然色です。一方で愛の季節、春が近づくと、繁殖のために羽の色が華やか

になるオスもいます。同時に、さえずりや特有の身振り、ダンスなどの誇示行動も見られます。こうした求愛表現を通してつがいが成立し、絆が深まり、繁殖へとつながります。繁殖期以外では、オスの羽の色はメスのものに近く、地味な姿です。

鳥から家禽へ

　昔から人間は、鳥の能力や肉、羽根を利用したり、その姿を愛でてきました。ガンやケワタガモ属の綿毛は、羽毛布団やダウンジャケットに使われ、猛禽類は鷹狩りで狩人たちの右腕となり、中国や日本では、ウが漁師たちを助けました。その他、アジアでは闘鶏、南アフリカではダチョウの競争など、地域独特の娯楽で活躍するだけでなく、ペットとして飼われ、快い鳴き声で人間を魅了しています。また、野生種のなかには、家畜化されて肉や卵が食卓を飾る種も。食用としてはニワトリがもっとも消費量が多く、少なくとも6000年前から飼育されてきました。キジやカモなどの野禽を対象とする狩りは、現在でも愛好者の多い娯楽の1つです。

イヌワシ

Aquila chrysaetos
タカ目（タカ科）
分布：ユーラシア〜北アメリカ

　栄光と軍事力の象徴として、古代から勲章や紋章に描かれてきたワシ。生まれながらのハンターで、上昇気流にのって旋回しながら、テリトリーに目を光らせます。眉が突き出ているため、陽光に目がくらむことはありません。数百メートル離れていても獲物を見つけることのできる優れた眼力ゆえに、「ワシの眼をもつ」という表現もあるほど。

　とはいえ、ウサギ、マーモット、ライチョウ、ヤマドリといった獲物も、この猛禽類の鋭い爪をかわすことができる場合もあり、ワシも無駄に力を消耗しないよう、見こみがなければいさぎよく見切りをつけます。手はじめにつがいの片方が獲物を追いかけてパニックに陥らせ、もう一方の手中へと追いこみ、様子をうかがいます。

　通常、つがいの2羽は一生を共にし、枝を用いてテリトリー内に共同で巣を作ります。巣は年と共に大きくなり、時には数メートルの高さに達するものも。メスは2個の卵を産み、45日間抱卵しますが、邪魔されることを極度に嫌い、ほんの少しでも不安を感じると、巣を離れてしまいます。孵ったヒナたちも、飛べて狩りができるようになると、親鳥のテリトリーから出され、自力で生きていくことになります。

※ 日本では天然記念物となっていますが、生息数が減少し、絶滅危惧種です。

Œufs réduits de moitié

ワタリアホウドリ

Diomedea exulans
ミズナギドリ目（アホウドリ科）
分布：南半球の海

　ボードレールは有名な詩「アホウドリ」のなかで、この鳥を「巨大な翼をもった」「怠惰な同伴者」にたとえています。事実、飽きることなく飛び続け、昼夜問わず波に浮かぶこの鳥の翼は、3mを超える場合さえあります。

　50歳をすぎた個体もあるほどの長寿で、ほとんどの時間を外海で過ごします。おもなエサはイカ類ですが、魚のおこぼれをもらおうと、トロール船についていくことも。ただしこれは、釣り網に引っかかって命を落とす危険と隣りあわせです。

　飛んでいる時は、追い風にのって水面すれすれを滑翔していたかと思うと、突然向きを変えて数メートル上昇し、ふたたび滑翔します。高度なテクニックゆえに、はばたきもせずに1日で400km以上を飛ぶこともできますが、風が吹かなくなると、波間に着水します。

　11月末には、繁殖のために陸地へあがり、毎年同じ営巣場に目印なしで戻ってくることができます。磁場に対する特異な感覚が一役買っているのかもしれませんが、並外れた方向感覚の詳細は、いまだに専門家たちの間でも謎のままです。

　水かきがついた短い足では離陸が難しいため、風が吹きすさぶ海辺に巣を作ります。にぎやかな求愛ダンスを繰り広げ、伴侶と一生を共にします。

※ 日本では、鳥島と尖閣諸島でアホウドリが繁殖。アホウドリは特別天然記念物となっています。

ヒバリ

Alauda arvensis
スズメ目（ヒバリ科）
分布：ユーラシア〜北アメリカ

　ヒバリは温暖な地域に生息し、畑や茂みにいることが多いのですが、羽の色が茶色とベージュで地味なため、なかなか姿を確認することができません。

　地上にいる時間が長く、昆虫の成虫や幼虫、ミミズ、種子などを食べています。しかし求愛の季節には、空高くホバリングしたり、すばやく螺旋状に舞いあがったりします。

　フランスのアルエット（ヒバリ）型ヘリコプターの開発者たちは、もしかすると文字通り、ヒバリの動きをヒントにしたのかもしれません。見かけは地味なものの、美しい声で堂々とさえずる姿はソリストさながらの貫禄です。

　春に3〜4個の卵を産み、草間に作られた巣でヒナを育てます。農機、とりわけ草刈り機の現代化に伴って生息数が激減したため、かつてのようにありふれた鳥ではなくなってしまいました。しかし、フランスを中心にハンターたちの間では、ジビエとして今もなお人気です。

※ 日本にも生息しますが、日本でも農業形態の変化にともない、ヒバリは減っています。本州中部の2000m近い亜高山や火山のガレ場に生息するヒバリもいます。

コンゴウインコ

Ara macao
オウム目（インコ科）
分布：ブラジル〜中央アメリカ

　コンゴウインコ属はいずれも華やかな羽の色をしており、コンゴウインコもはじけるような赤、黄、緑、青の羽をもっています。中南米の熱帯地域に生息し、長い尾は先へ行くほど細くなり、尾だけで体長の半分以上を占めます。なかには1mに達する個体もいて、インコ科のなかでは世界最大の鳥です。華やかな外見とものまねが得意なことから、非常に人気が高い一方、不正取引され、大きな危機にさらされています。

　コンゴウインコは湿潤な森に生息し、木が生活のベース。親鳥は木の幹の空洞に巣を作り、ヒナが生まれ、葉の茂る林冠で仲間や家族と共同生活を送ります。夜になると、仲間と共に枝へと移動。夕暮れや明け方には、葉の間から鳴き声を発し、エサを探しに飛び立ちます。完全に草食で、種子、花、葉、樹皮、花蜜を好み、パームナッツもくちばしで殻を割って食べます。つがいになると、伴侶と一生添い遂げます。

※ 日本には生息していません。

ダチョウ

Struthio camelus
ダチョウ目（ダチョウ科）
分布：アフリカ

　体長も体重も鳥類でNo. 1のダチョウは、卵の大きさも最大。しかし、あらゆる点でビッグであるためには、大きな代償が伴います。エミューやキーウィ、その他の走鳥類同様、飛ぶことができないのです。通常、鳥の胸骨には、翼をはばたかせる時に働く筋肉が付着する竜骨突起があるものの、ダチョウにはありません。

　では危険が迫った時は、どうするのでしょう。言い伝えでは、ダチョウは頭を砂のなかに隠すとされ、フランス語の表現「ダチョウのように振る舞う（頭隠して尻隠さずの意）」もここからきていますが、実際は危険を察知すると、最大時速70kmもの速さで、大股で走り去ります。

　もともとアフリカのサバンナに生息していましたが、19世紀にオーストラリアにもちこまれ、現在も生息しています。オスは黒い羽に白い尾、メスはグレーと茶色の組合せで、容易に見分けがつきます。

　かつては羽を取るために捕獲されていましたが、ここ1世紀ほどは家禽として、ヨーロッパ、アメリカ、南アメリカを中心にたくさん飼育され、食肉、レザー、卵、衣装用の羽根など、用途も多岐にわたります。人間をのせたレースが開催されることもあります。

※ 日本には生息していません。

Nid d'Autruche.

ソリハシセイタカシギ

Recurvirostra avosetta
チドリ目（セイタカシギ科）
分布：ヨーロッパ〜アフリカ

青みがかったか細い足をもつ華奢なソリハシセイタカシギ。塩田や海水池、河口に生息し、黒くて長くとがったかぎ形のくちばしを使って、泥をつつきながらエサを探し、砂に隠れたゴカイや小さな甲殻類を見つけては、容赦なくのみこみます。

春には、不思議な求愛行動を繰り広げます。メスはくびをのばして頭を水面ぎりぎりに近づけ、オスは羽を整えたあと、翼をメスの背にのせたりしながら、そのまわりを歩きます。交尾後は、くちばしを合わせながら、横に並んで数メートル進みます。

川岸や小島などの地面の窪みに巣を作りますが、ヒナは孵化と同時に巣立つので、巣は抱卵期にしか使われません。ヒナは生後約35日で、羽が生えそろいます。飛び立つ時には翼全体を使うので、白と黒の絶妙な色に魅せられます。

ソリハシセイタカシギのフランス名は、「エレガントなソリハシセイタカシギ」。飛び立つ瞬間にこそ、その名にふさわしいエレガントな一面を見せてくれます。

※ 日本では春や秋、各地の干潟でまれに観察されます。

タシギ

Gallinago gallinago
チドリ目（シギ科）
分布：ユーラシア

タシギはフランス名を「沼地のタシギ」といい、その名称通り、湖沼などの湿地や湿潤な放牧地などで生息しています。

羽はこげ茶色で、ベージュと白の斑点があり、頭部や背には明るいストライプが入っています。地味な色のため、誰の注意も引くことなく、草木の合間を進んでいくことができます。

特徴的な長細いくちばしから、ラテン語では「beccus（くちばし）」と呼ばれるようになりました。一見、邪魔になりそうなほど細長いのですが、実際には大変重要で、神経終末が通っていて獲物を感知し、たわむ性質もあるため、土を掘りながらエサをのみこむこともできます。絶えず泥を掘り続け、ミミズ、軟体生物、昆虫、種子、実を食べ、砂嚢で食べたものをすりつぶせるので、若干の砂ものみこみます。

求愛の時期になると、オスは尾羽を震わせて突飛な音を出しながら飛行します。毎年、まだらなグレーの卵を4つ生みます。地面の窪みに巧みに隠すようにして作られた巣は、植物からできていて、中央に草が敷かれています。

ヨーロッパ北部に生息するタシギは、フランスの温暖な海岸で越冬しますが、北部以南に生息するタシギのなかには、地中海を渡るものも。フランスを中心にハンターの間で人気が高いため、狩りの時期はとくに油断ができません。

※ 日本には各地の水辺に冬になるとやってきます。

ハクセキレイ

Motacilla alba
スズメ目（セキレイ科）
分布：ユーラシア～北アフリカ

セキレイ科の鳥はおもに水辺に生息していますが、ハクセキレイは必ずしも水辺にこだわらず、公園や庭、野原、採石場にもいます。

白い頭部と黒い頭頂部や胸は、容易に見分けがつく独特のコントラストですが、その他の部分の羽はグレーと黒。

冬には、気温の高い人間の居住地に近づきますが、ユーラシア大陸の北部に生息するハクセキレイのなかには、近隣の南部へと移動するものもいます。

夜になると、アシの茂みややぶなどで仲間と一緒に眠ることもしばしばですが、繁殖期にはエサを確保しようと縄張り意識が強くなり、テリトリーに入ってくる鳥を片端から威嚇します。この結果、お気に入りのエサであるハエ、カ、アリなどが、他の鳥から守られ、ハクセキレイは、エサを地面や水辺でついばんだり、飛びながら捕まえたりして食べます。

貞節とはいいがたく、毎年パートナーを取り替えますが、競い合うオスたちのうちの1羽をメスが選びます。

つねに上下に揺れ動く長い尾が特徴的で、ここからフランスでは別名「グレーのしっぽふり」とも呼ばれています。

※ 日本のハクセキレイは、かつては冬鳥でしたが、1970年代になってから各地に定着し、繁殖するようになりました。

BON POINT

BERGERONNETTE

ウソ

Pyrrhula pyrrhula
スズメ目（アトリ科）
分布：ユーラシア北部

フランスでは「シャクヤクのウソ」とも呼ばれ、オスは鮮やかな桃色の胸、グレーの翼、黒い頭部と尾がくっきりとしたコントラストで見る者を魅了しますが、メスは地味なベージュ色です。

ヨーロッパの温暖な地域に生息し、森林や果樹園を好みます。がっしりとした体格や短く頑健そうなくちばしとは裏腹に、おとなしく、目立たず、とっつきにくい性格です。植物に隠れ、人目を避け、他のウソがきてもテリトリーを守ろうと攻撃的になることはありません。

エサとなる広葉樹や針葉樹の種子を一心についばんでいますが、果樹の芽も大好物で、冬や春にはむさぼるようにして食べます。農家にとっては災難ですが、フランスには、果樹園での罠を使った捕獲を禁じる法律があるため、カラスやイイズナ、農薬といった天敵を気にしながらも、やりたい放題。

巣は、細い枝や小枝を集めて、葉で覆われたところに目立たないように作り、苔や地衣類、細根などを敷きます。そこに赤茶色の斑点のついた薄青い卵を4〜6個産み、2週間抱卵します。ヒナは約2週間、種子や昆虫を食べながら体力をつけ、巣立つ時には、2〜3羽ずつで次々と飛び立っていきます。

※ 日本では1500m以上の亜高山帯の針葉樹林に生息。冬には低山に降りてきます。大陸から冬鳥としてやってくるウソもいます。

BOUVREUIL — Pyrrhula vulgaris

コウラウン

Pycnonotus jocosus
スズメ目（ヒヨドリ科）
分布：アジア熱帯地方

　ヒヨドリの仲間で、グレーがかった茶色い背、白い腹と地味な姿ですが、ぴんと立った黒い冠羽と鮮やかな赤いほお、白いくびの左右を通るひげのような黒い線は気品を感じさせます。

　灌木や木立ちに隠れていますが、とてもおしゃべりで、歌うようにさえずっていたかと思うと、大きな鳴き声を響かせます。見た目もよく、耳にも快いコウラウンは、インドや東南アジアの景色を彩る存在です。

　人間との距離が近く、街にも生息するとなれば、観賞用ペットとして捕獲対象になるのも当然でしょう。

　1892年にモーリシャスにもちこまれると、地元の環境にあっというまに適応して分布を拡大しました。以来、在来のツグミやレユニオンヒヨドリが、脅威にさらされています。

　征服者ともいうべきコウラウンですが、最近は隣のレユニオン島にも移住しはじめ、深刻な問題となっています。昆虫だけでなく果実も食べるので、農家に大きな被害をもたらすと共に、グアバや特定のキイチゴ属など望ましくない植物をもちこんでもいるのです。

※ 日本には生息していません。

ノスリ

Buteo buteo

タカ目（タカ科）

分布：ユーラシア

　ヨーロッパではおなじみの猛禽類で、森や林のなかの空地、野原を好むため、田園でよく見かけます。テリトリーを大事にし、つがいで一生を1つの場所で過ごす場合もあります。

　アラベスク模様のような大きな線を描きながら空を飛び、突き刺すような目でどんなに小さな草のそよぎも見逃しません。そこに獲物がいるかもしれないからです。よく枝の上にじっとして、好物のハタネズミやげっ歯類を待ち伏せしています。機を見るに敏で、獲物が車にひかれるのを、道端の杭の上で待っていることも。

　ドイツ名「ネズミノスリ」は、ネズミが大好物なことからきていますが、爬虫類や両生類を食すこともあります。「まだらノスリ」というフランス名は、その羽の色から。全体はこげ茶色、ベージュ、グレーですが、腹には白い斑点があります。年齢、性、遺伝に関係なく、個体によって色が大きく違います。

　風の流れに通じていて、上昇気流や風にのって何時間も悠々と飛びながら、甲高い鳴き声を発します。この声でノスリが飛んでいるのだと気づくこともしばしばです。

※ 日本では、各地の低山帯から亜高山帯で繁殖し、冬には平地に降りてきます。

サンカノゴイ

Botaurus stellaris
ペリカン目（サギ科）
分布：ヨーロッパ〜アジア北部

　胴長のサギ科の鳥で、沼地や湖のほとりなどに住んでいます。アシの茂みに隠れて、ひっそりと孤独に暮らしています。

　黄色みがかった茶色い羽には黒、茶、赤茶の縞模様が入っていて完璧な保護色となっているため、人目につくことがありません。邪魔者が近づくと、まわりに溶けこんで、すっかり姿を消してしまいます。くびをのばしてくちばしを上に向け、じっとして、風に吹かれるアシをまねることも。動くのは、まわりを見張る目だけ。危険が去ると、浅い沼をゆっくりと歩きながら、エサ探しを再開します。長い間待ち伏せてから、鋭いくちばしを短剣のように使って、魚や両生類、水生昆虫を突き刺します。

　夜明けや夕暮れには、沼地一帯に鳴き声が響きます。くびをのばし、くちばしを半開きにして、身体を震わせ、驚くほど深い鳴き声を発します。

　4〜5月の繁殖期になると、メスは乾いたアシやカンナなどの水生植物を使い、水辺の植物の茂みに隠すように巣を作り、4〜6個の卵を産んで、1か月抱卵します。孵化数日後には早くもヒナたちは、植物の間にじっと身を隠すテクニックを習得します。そうなれば、ひとり立ちも間近です。

※ 日本では、大きな湖や沼のヨシ原に少数が生息しています。冬に越冬にくる個体もいます。

キバタン

Cacatua galerita
オウム目(オウム科)
分布：オーストラリア～東南アジア

体長最大50cmで、同類のなかでは最大のオウムです。とさかからのびる鮮やかな金色の6本の冠羽に、体を覆う白い羽が映えて、わらのような黄色い光沢を放っています。冠羽は普段、後頸にさがっていますが、危険が迫ったり自分を美しく見せたい時に、扇状に広がります。

オーストラリア、ニューギニア、インドネシアの一部の島々に生息していますが、ニュージーランドやミクロネシア諸島にももちこまれました。小灌木の茂るサバンナや沿岸のマングローブ林、川の流れる森に多く生息しますが、都市部に住むものもいます。

繁殖期には、つがいや小さな群れ単位で生活。3つの白い卵を産み、オスとメスが交替で1か月間抱卵します。求愛の時期がすぎると、群れになって同じ木の上で暮らしますが、叫ぶような騒々しい鳴き声なのですぐにわかります。

1日の大半を、種子や果実、芽などを悪びれもせず畑から頂戴して食べて過ごしますが、農家にとっては大きな痛手。時には群れから離れて見張りにつく場合もあり、とまり木に陣取って周囲を監視し、危険を察知すれば警戒せよと鳴き声を発します。

※ 日本には生息していません。

LES PERROQUETS
2. Le Cacatoès à huppe jaune

ウズラ

Coturnix coturnix
キジ目（キジ科）
分布：ユーラシア〜アフリカ

　短い尾、丸くずんぐりとした体格、褐色がかった羽。脇腹には白い縞模様が入っています。雌鶏を小さくしたような外見で、実際に近縁です。

　ウズラの体長は約15cmで、ヨーロッパのキジ目では最小とされています。雌鶏同様、危険が近づくと、はばたくのではなく、全速力で走って逃げます。ただ、ウズラは飛ぶことができ、毎年、越冬するためにアフリカやアジアまで数千キロメートルを渡るほど得意です。

　ヨーロッパに春が訪れると、休耕中の農地、ウマゴヤシや穀物の畑にオスのさえずりが響きます。オスはヨーロッパに戻るとすぐにテリトリーを定め、甲高い鳴き声を発しながらこれを守り、メスを呼びます。メスは、つがいになると、すぐに巣作りに取りかかります。巣は地面の窪みに干し草を敷いた簡素なもので、背の高い茎や幹に隠れています。

　長い旅を終えたウズラたちは、昆虫やバッタ、毛虫、カタツムリ、アリなどを食べて力をつけ、子育てに必要な栄養をとります。フランスを中心に、ジビエとして狩りの対象でもあり、食用の肉や卵として飼育もされています。

※ 日本では東北〜北海道で繁殖し、冬には南の地方へ渡ります。

オオサイチョウ

Buceros bicornis

ブッポウソウ目（サイチョウ科）

分布：インド〜東南アジア

　オオサイチョウは、自然の作りあげた不思議な鳥です。羽は黒と黄色、かぎ形の大きなくちばしはオレンジと白、目は恐ろしげな赤。そして何よりも額と鼻の付け根を覆う角のような突起があります。この突起部は、見た目は重苦しそうですが、巣房状の構造のためとても軽く、どうやら共鳴箱のように鳴き声を拡声する役目を果たしているようです。

　大木の葉叢で小さな群れになって暮らし、エサになりそうな昆虫や爬虫類はいないかと、熱帯林を休みなく飛びまわります。果実も食べますが、種子は消化されずに糞として蒔かれることに。

　メスは卵を産む時期が近づくと、樹洞に閉じこもり、オスと共同で泥土で穴をふさぎます。オスは残された小さな開口部を使ってメスにエサを与えます。メスは2か月間、巣に引きこもってヒナたちの世話に励みます。こうした行動により、天敵から身を守るのです。

※ 日本には生息していません。

マガモ

Anas platyrhynchos

カモ目（カモ科）

分布：ユーラシア

　鳴き声やよたよたとした歩き方が笑いを誘うマガモは、水環境に完璧に適応した鳥でありながら水には深く潜れないため、川、河口、湖沼、貯水池などで、マイペースに水中をつつきまわりながら、水面に浮かぶ種子や水生無脊椎生物を食べて暮らしています。

　採食時に活躍するのは、黄色く平らなくちばし。くちばしは泥を濾すのに役立ちます。水かきのついた短い足は、長い胴の後方についているために、陸ではぎこちない歩き方を余儀なくされます。

　しかし、ぎこちないのは陸の上の話。飛んでいる時は、無駄なはばたきを繰り返しているように見えて、実は時速80kmに達するほどの高速で、飛翔の名人なのです。

　オスは鮮やかな色で、虹のように輝く緑色の頭部とネックレスのようなくびの白い模様が目印。メスは茶色とグレーの地味な姿なので、草むらのなかで天敵に見つからずに抱卵できます。ヒナは最大15羽。いたずらっ子たちの面倒を見るのは、もっぱらメス。家禽として飼育されているアヒルは、マガモからきています。

※ 日本では本州中部の山岳地帯や北海道で繁殖し、冬になると大陸からたくさん渡来します。

キゴシツリスドリ

Cacicus cela

スズメ目（ムクドリモドキ科）

分布：南アメリカ

スズメ目としては大柄で、体長30cmほど。ラテンアメリカ、パナマからブラジルにかけて生息しています。黒い羽に黄色が映え、白いくちばしと青い目が個性的な容貌を引き立てます。

開けた森林やその周辺、耕作地帯や木が生い茂る地域に生息し、一日中、林冠で果実や昆虫を食べています。鳴く時のオスは独特な姿勢を取り、体を前に傾けて、後部の金色の羽をふくらませ、尾を震わせます。口笛のような音、さえずり、澄んだ優しい声、様々なイミテーション音からなる鳴き声は、まさにこの鳥の独壇場です。

仲間といることを好み、ヒエラルキー化された社会を形成します。もっともがっしりとしたオスがボスで、誇示行為を取ったり複数のメスと交尾する権利があります。下のものたちはコロニーを守り、メスではもっとも高齢の鳥が支配者となります。

巣は細いヤシの葉を使って2週間かけて作られ、袋状で木の枝にぶらさがっています。1本の木に数十の巣がぶらさがっていることも。

サル、ヘビ、オオハシが卵やヒナを狙って攻撃してきますが、キゴシツリスドリは必死になって子どもたちを守ります。

※ 日本には生息していません。

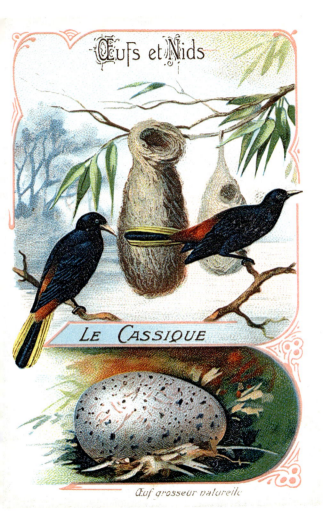

モリフクロウ

Strix aluco
フクロウ目（フクロウ科）
分布：ヨーロッパ

　がっしりとした体格、グレー、ベージュ、赤茶色の斑点のついたオールマイティな色の羽、大きく丸い頭。モリフクロウはヨーロッパに広く分布しており、森林にいたかと思うと、人家の近くにも出現します。

　巣作りや見張りのための木があれば、それ以外の環境についてはさほどこだわりをもちません。

　夜行性の巧みなハンターで、音源を正確に突きとめ、小さなげっ歯類の立てるかすかな草のざわめきを聞き取るほどの聴力をもっています。

　顔の正面についている大きな目は非常に感度がよく、視野も広いうえ、翼の縁部分の羽が特殊な形状のため、音もなく飛ぶことができます。

　アカネズミやトガリネズミ、ハツカネズミ、ハタネズミ、ハリネズミ、カエル、ミミズたちは、モリフクロウに見つかろうものなら、雷のような一撃を受けるため、逃げることは至難の業です。獲物を一口でのみこみ、骨、毛、歯の不消化物をまとめてペリットとして吐き出します。

　特徴的な鳴き声から、フランスでは「鳴く猫」とも呼ばれ、不幸のお告げとか不吉な前兆だと長い間信じられてきました。夜にしか活動しない性質も、この迷信を招いた理由の1つでしょう。

※ 日本には生息していません。

シュバシコウ

Ciconia ciconia

ペリカン目（コウノトリ科）

分布：ユーラシア〜アフリカ

　19世紀以降信じられてきた、コウノトリは赤ちゃんが入った包みをくちばしにさげてもってくるという話は、鳥に関する有名な伝説の1つでしょう。縁起のよい鳥であり、フランスのアルザスでは豊穣の、アジアでは長寿のシンボルでもあります。

　もう1つ有名なのが、枝で作った大きな巣。容易に着地できるよう、煙突、鐘楼、鉄塔、その他の開けた高いところに作られます。しっかりとした作りで、少し手を加えれば、次のシーズンも使えます。

　どちらかというとおとなしく、鳴き声で自己アピールすることもまれで、長く鋭いくちばしを激しく鳴らしてコミュニケーションを取ります。

　カエル、トカゲ、ミミズ、魚、ヘビ、カタツムリ、ネズミなど、水辺の小動物を捕まえます。エサが少なくなると、渡りの季節。100羽ほどにまとまって、暖かい上昇気流にのって、何時間も飛び続けます。気流は太陽の影響を受けるため、日中に飛ばなければならず、暖かい気流を妨げる地中海も避けて通らなくてはなりません。悠々と8000kmを旅し、あるものはジブラルタル海峡を経由してアフリカ西海岸へ、あるものはボスポラス海峡を経由して東海岸へと渡ります。

※ 日本のコウノトリは別種ですが近縁で、生態はほぼ同じです。

Œuf réduit de moitié

アカハシハチドリ

Cynanthus latirostris

アマツバメ目（ハチドリ科）

分布：アメリカ

　小さな体、すばやく敏捷（びんしょう）に飛ぶ姿、かわいらしい色合い。ハチドリは、鳥というよりもチョウを思わせます。

　しかし、飛ぶ時のぶんぶんという音とすばしっこさゆえに、フランスでは「ハエドリ」という詩情にかけるあだ名もあります。

　アラスカからチリまで、アメリカ大陸のあらゆる標高に分布し、約300種が生息していますが、いずれもメタリックで人目を引くきらびやかな色をしています。

　ハエのような驚くべき速さで、1秒当たり約60回はばたきます。飛ぶと虹のような華やかな光沢が際立ちますが、これは特殊な羽の構造から。

　曲芸にも秀でていて、ホバリングしたり後ろ向きに飛んだりすることができます。鳥のなかでこうした飛び方ができるのは、唯一ハチドリだけ。

　また、花の花冠（かかん）に、二股に分かれた凹凸のある舌をのばして蜜を吸います。

　メスは交尾後、オスのもとを去り、単独で巣作り、抱卵、子育てを行います。

　19世紀のヨーロッパでは、貴婦人たちの帽子にハチドリの剥製が飾られることがありました。

※ 日本には生息していません。

Œufs grossis d'un tiers

コンドル

Vultur gryphus
タカ目（コンドル科）
分布：南アメリカ

　ボリビア、エクアドル、コロンビアの紋章に描かれている、アンデス山脈の帝王コンドル。群を抜いて滑翔に優れていますが、これには解剖学上の理由があります。猛禽類では最大の鳥であり、広げると3m以上に達するほどの並はずれて大きな翼と、翼後部にびっしりと生えている羽のおかげで、安定滑翔ができるのです。また、1本ずつ離れていて方向を変えられる羽が、翼の先端にあることで、乱流を抑え、滑翔を助けています。飛行機の翼の先端にあるウィングレットは、コンドルにヒントを得たものだとか。

　全身黒で、くびまわりが白く、獲物の死体に頭を突っこんでも汚れないように、頭部と頸部には毛がありません。肉食には鋭利なくちばしは不可欠で、肉をちぎる時に牙の役割を果たします。消化器官が発達しているので、傷んだ肉を食べても平気。

　つがいは一生を共にし、切り立った断崖の岩陰に住んでいます。2年に1度、大きな白い卵を産み、2か月ののち、ヒナが生まれます。親鳥は半ば消化した肉を吐き出してヒナに与え、ヒナ自らがついばんで食べます。

※ 日本には生息していません。

ニワトリ

Galus galus

キジ目 (キジ科)

分布：世界各地

　まどろむ夜明けの田園に、1日のはじまりを告げるニワトリの鳴き声が響きます。ニワトリは、朝の訪れを知らせたあとも、1日中鳴いています。

　金色がかった赤茶色の羽に、赤いとさかとひげ、羽根飾りのような尾。魅力あふれる姿で威風堂々と歩き、ニワトリ小屋を支配します。フランス語で放蕩者を揶揄する「ニワトリのように振る舞う」すなわち「尊大に振る舞う」という表現は、この鳥からヒントを得ています。

　南アジアや東南アジアに生息するセキショクヤケイは、ニワトリに不思議なほど似ていますが、これは同じ祖先から発しているため。

　フランスで飼育されているガリアの金の雌鶏は、ニワトリとしては最古の種でセキショクヤケイにもっとも近く、祖先同様、数十メートル飛ぶことができます。

　ガリアの雄鶏はフランスのシンボルとして、昔のコインや市長の正章、死者を悼む多くのモニュメント、国際的なスポーツ大会に参加するフランスの選手たちのユニフォームを飾ってきました。風見鶏として、鐘楼のてっぺんにも座しています。

ズキンガラス

Corvus corone
スズメ目（カラス科）
分布：ユーラシア

ズキンガラスとミヤマガラスはあまりにもそっくりなので、見分けるのは至難の業。しかし、よく観察すると、ズキンガラスのくちばしはややかぎ形です。

荒地、道端、断崖、沿岸河口の他、都市部にも生息し、カアカアという叫び声から金属的な鳴き声まで、状況やタイミングによって様々な声を発します。

夏には、夜明け前に徒党を組んで、エサを探しに出発します。種子や若芽を食べに勇ましく畑に遠征したり、死骸やごみをあさることもあります。

天敵や猛禽類が近づいてくると、木の頂上で仲間たちと合流して、甲高い鳴き声を発します。

定住性でテリトリー意識が強く、危険な時以外はつがいで独自に暮らしますが、木や断崖にある巣はかなり大きく、草、獣毛、布、プラスチック片など雑多な材料でできています。

カラス科の鳥の例にもれず、ズキンガラスも知能が高く、小枝を使って手の届かないところにあるエサを手繰り寄せるなど、道具を使うことができ、観察能力も非常に優れています。

※ ズキンガラスは、日本に生息しているハシボソガラスの亜種です。

CORNEILLE — (Cornus corone)

ハクチョウ

Cygnus spp.
カモ目（カモ科）
分布：ユーラシア

　尊大ともいえるほど、たたずまいの美しい白鳥。都市部の公園の水辺でよく見かけ、もともと湖や沼地、穏やかな湾などで暮らしていた野鳥だということは忘れられがちです。ハクチョウ属は、くちばしの付け根が隆起したコブハクチョウ、黒と黄色のくちばしをもったオオハクチョウなど6種に分かれます。

　少しでも危険が迫ると、卵を守ろうと攻撃的になり、ヘビのようにくびと頭を後ろに反らします。

　卵から孵った10羽ほどのヒナたちは泳ぎを覚え、4〜5か月で飛ぶことを学びます。

　ヒナの頃は「醜い」グレーの毛に覆われているので、アンデルセンの童話『醜い家鴨の子』では、兄姉だと思っていた黄色いアヒルのヒナたちから仲間はずれにされてしまいます。

　滑翔するには重すぎますが、Vの字になって空高く飛びます。これは、なるべく力を消耗しないよう、先を飛んでいるハクチョウが生み出す風を利用しているのです。

　言い伝えでは、最期の時がくるとこの上なく美しい鳴き声を発するとか。ここから「白鳥の歌」という言葉は、芸術家が生み出す最上で究極の作品を指すようになりました。

　右のイラストは、奥がクロエリハクチョウで、手前はコクチョウです。

※ 日本には冬、オオハクチョウとコハクチョウが中国・北陸地方や関東地方以北の湖に渡来します。

Ordre des Palmipèdes
Cygne de la Nouvelle Hollande
Cygne à cou noir

Le Cygne de la Nouvelle-Hollande. — Ce cygne est commun sur les cours d'eau du sud de l'Australie et de l'Océanie. Sa beauté et son élégance ne le cèdent en rien à celles de ses congénères.

Le Cygne à cou noir. — Le cygne à cou noir habite l'extrémité sud de l'Amérique. Sa taille est petite; il construit son nid au bord des eaux douces et va à la mer où il trouve une abondante nourriture.

ホンケワタガモ

Somateria mollissima

カモ目（カモ科）

分布：北極海沿岸

　北大西洋や北海など、海に生息する渡り鳥で、冬の数か月は冷たい流氷を避けて、フランスのブルターニュ沿岸や英仏海峡沿岸で過ごします。

　潜りの名人で、時には15mも潜って、甲殻類や貝類を捕まえます。オスは柔らかなパステルカラーの洗練された姿で、頭頂部や腹、尾は黒く、他の白い部分とコントラストをなしています。うなじはピスタチオのような緑色で、胸はバラ色。たいていのカモ同様、ホンケワタガモもエレガントなのはオスで、メスはごく平凡な茶色い姿をしています。

　母鳥たちは卵やヒナを寒さから守ろうと、自分の胸のあたりから細かい綿毛を抜いて巣を作ります。

　軽くて肌触りがよく、ふんわりとした綿毛には空気がたっぷりと含まれていて、卵やヒナをあたためてくれます。アイスランドやノルウェーでは、ホンワタガモの使われなくなった巣から綿毛を集め、羽毛布団にして使っていました。

　巣立ちしたヒナたちは、託児所のように複数のメスたちが見守っています。

※ 日本では、このホンケワタガモだけ観察されたことがなく、その他のケワタガモ類は観察されたことがあります。

エミュー

Dromaius novaehollandiae

ヒクイドリ目（エミュー科）

分布：オーストラリア

　親類に当たるダチョウ、ヒクイドリ、キーウィと同じく、エミューも飛ぶことができません。永遠に飛ぶことのない翼は委縮し、脇腹を覆う茶色い長毛の下に隠れています。猛暑の時はまるで飛び立つかのように翼を広げますが、実際は単に涼を取っているだけ。

　大柄な胴体からは、毛のない青い肌の長いくびと、がっしりとした2本の足がのびています。1か所にとまることなく、点在するサバンナや野原、森の地面をいつまでもつついて歩き、種子や果実、昆虫や小動物を探します。1歩が2m以上もあるので、数か月で数百キロメートル移動することが可能です。

　繁殖の時期がくると、エミューはようやくうろつくのをやめますが、卵をあたためるのはオスの役目。このため、抱卵期間中のオスは絶食状態となり、蓄積している脂肪分を使い果たしてしまいます。

　56日経つと卵が孵化し、黒と茶色のストライプ模様のヒナたちがでてきます。この模様は、はじめて巣から出る時にカムフラージュの役割を果たします。

　土着療法では早くから、咳や熱、関節炎、軽いけがに、エミューの脂肪から抽出したオイルが使われていましたが、現在では鎮静効果や保湿効果のあることが、世界中で認められています。

※ 日本には生息していません。

OISEAUX COUREURS
4. L'Emeu

ホシムクドリ

Sturnus vulgaris
スズメ目（ムクドリ科）
分布：ユーラシア、北アメリカ

　何でも食べるホシムクドリですが、サクランボ、オリーブ、ブドウが大好物であるため、こうした果実を栽培している地域では敬遠されています。

　あらゆる住環境に適応でき、乾燥地域、湿潤な地域、森林、耕作地のみならず、都市でも暮らしていくことが可能。羽は光沢のある黒で、白い斑点が散っています。

　木の穴や、壁のひび割れ、屋根を住みかとし、先住鳥がいようが意に介さず追い出してしまいます。征服者ともいうべき存在で、北アメリカではズアカキツツキやルリツグミといった鳥を絶滅の危機に追いこんでいます。

　数千羽で大群を形成することもあり、そうした群れがねぐらに帰る時には、空が黒く染まるほど。これは身を守るためのテクニックで、天敵は大群を前にどこから攻撃してよいか途方に暮れてしまいます。

　都市部では、糞や夜の鳴き声も問題になっていて、夜鳴くのは、街の明かりが鳥の生体リズムをかく乱するためです。

　もちこまれた先の北アメリカ、南アフリカ、オーストラリア、ニュージーランドなど多くの地域で、迷惑で有害な鳥と見なされ、パリやブリュッセルでは、迷惑なホシムクドリの生息数をコントロールしてくれるとして、ハヤブサが歓迎されています。

※ 日本では、まれな旅鳥として記録されています。

ETOURNEAU VULGAIRE — STURNUS VULGARIS

コウライキジ

Phasianus colchicus

キジ目（キジ科）

分布：ユーラシア、北アメリカ

　ユーラシア大陸に広く生息しています。キジ科の鳥のなかでもっとも知られ、森の境界近くやあちこちに散在する茂み、耕作地付近で見かけます。

　オスは栗色の羽に赤銅色の光沢が輝き、ネックレスのような白模様と虹のような緑のくびが対照的で、尾は長く、赤い顔をしています。メスは地面で抱卵する時に外敵に見つからないよう、地味な砂色で、ところどころに茶色い斑点があります。

　オスは、メスの気を引こうと気取った歩き方をして、複数のメスの寵愛を得ます。非常に用心深い性格で、ハーレムをライバルから守ります。

　エサは生息地により異なり、種子、漿果、昆虫などを食べる一方、かぎのような爪で熱心に土を掘り、大好物のミミズを探し出します。

　危険が迫ると飛ばずに走って逃げますが、これは陸上で生活する多くのキジ目（ヤマウズラ、ウズラ、ライチョウ）に共通しています。速いスピードで飛ぶことができるものの、長い距離を飛び続けられません。

　フランスを中心に、昔から貴重なジビエとしてハンターに人気が高く、数多くのキジが放鳥されていて、ローストや蒸し焼きになって一生を終えます。

　右のイラストは、奥がコウライキジで、手前はキンケイです。

※ 日本では、北海道と対馬に生息しています。

チョウゲンボウ

Falco tinnunculus

ハヤブサ目（ハヤブサ科）

分布：ユーラシア

チョウゲンボウは、フランスではタカと並んでよく知られている猛禽類です。

大気の流れに通じていて、長距離飛行に理想的なはばたきや獲物を探すのに格好の滑翔、獲物を待ち伏せする時に役立つホバリングを完璧にマスターしています。待ち伏せ場所を必要とせず、上空20mから一気にカエルやトカゲ、げっ歯類、昆虫などに襲いかかります。

羽は赤っぽく、腹はクリーム色で緑の斑点があり、探るような大きな目は黒と黄色。甲高い鳴き声は虫の騒々しい鳴き声（フランス語で「クレッセル」）に似ているため、フランスでは「騒々しい鳥（クレッスレル）」と呼ばれています。

海辺、山、荒地、山岳地帯、耕作地、野原などに生息し、パリのノートル＝ダム大聖堂の鐘楼には、小さなコロニーも。19世紀中頃に住みついたものですが、パリにはこの他にも住みかがあり、調査の時点で33のつがいが暮らしていることが判明しました。モニュメントや建物の死角、デファンス地区の高層ビルなどにも住んでいます。

※ 日本では、関東以北に生息し、崖地に営巣しますが、近年は都市部に進出し、ビル上部のすきまや鉄塔、倉庫などに住みつくものもいます。

ニワムシクイ

Sylvia borin
スズメ目（ズグロムシクイ科）
分布：ユーラシア～アフリカ

　フランスのムシクイには20ほどの種類が存在し、森に住むものもいれば、沼地を好むものもいます。しかしいずれも、体長が15cmほどと小柄で、黄褐色やグレーがかった羽と細い尾をもち、短く細いくちばしで昆虫を食べ、長距離を渡って移動するなど、多くの共通点があります。

　美しいさえずりが人気で、繊細なベージュの羽は徐々に薄くなっていき、腹のところでは輝くような色合いです。地味な姿で警戒心も強いため、あまり気づかれません。

　とはいえ、大胆で冒険心に富んでおり、毎年8月から9月にかけて数千キロメートルを旅し、サハラ砂漠を超えて、南アフリカまで飛んでいきます。

　春になるとヨーロッパへと戻り、森の空地や伐採地にある風通しのよい林や、木のある大きな庭を住みかとします。そうした場所には昆虫、クモ、小型の無脊椎動物などがたっぷりといて、果実や漿果にありつけることがあるのです。

　細い枯れ草や葉で巣を作り、4～5個の卵を産んで、オスとメスが交替で抱卵します。

※ 日本には生息していません。

Œufs grosseur naturelle

オオフラミンゴ

Phoenicopterus roseus
フラミンゴ目（フラミンゴ科）
分布：アフリカ～ヨーロッパ南部

　エレガントな渉禽類で、長いくびとひょろりとした足、ピンク色の羽をしています。とくに羽の色はフラミンゴに独特の美しさを添えています。

　昼夜問わずエサを探して、ラグーンや塩田、海水池を歩きまわります。頭を水につけ、クジラのひげのようなくし状構造をもつカーブしたくちばしを使い、泥や水を濾しながら、甲殻類や軟体動物、水生の昆虫の幼虫をむさぼります。また、カロチンが豊富なアルテミアという甲殻類を食べ、色素を吸収します。

　集団を好み、数百羽、時には数千羽で集まってコロニーを形成し、騒がしい鳴き声をあげます。

　泥や枝を用いてクレーター状の巣を作り、卵を1つだけ産みます。1か月後、グレーがかったヒナが生まれると、ヒナどうし合流します。ピンク色の毛は生後2年から4年で生えてきます。

　しばしば、片足を羽のなかに折り曲げ、もう片方の足で立ち、頭を翼のなかに隠した姿勢を取りますが、これは休息中に熱を奪われにくくするため。

　冬がくると、ヨーロッパ、とくにフランスのカマルグに生息するフラミンゴたちは、暖を求めて、食べ物が豊富なアフリカやその周辺地域へと向かいます。

※日本には生息していません。

Œuf réduit de moitié

ミヤマカケス

Garrulus glandarius
スズメ目（カラス科）
分布：ユーラシア

　ミヤマカケスの羽は、ピンク、グレー、白、青、黒と色とりどりです。近親に当たるカラスとは違って色鮮やかですが、カラス科の特徴である高い知能も備えています。

　ものまねに長けていて、アオサギやモリフクロウなど他の鳥の鳴き声を、とくにこれらの鳥を見かけた時にまねます。奇妙な鳴き声のレパートリーをもっていますが、森の仲間たちに天敵の襲来を知らせる時には、しわがれた甲高い警戒音を発します。春になると快い声でさえずりますが、これは甘いメロディーでメスを魅了しようとしているのです。

　どんぐりに精通し、良質で、熟していて、手頃な大きさの実を選んで食べます。4～7個を嗉囊（袋状になった食道の一部で、食べ物を一時的に貯めておく）に貯め、仲間の目を盗んで、木の根や苔、落ち葉の下や木の株の窪みに隠し、冬になると景色のなかの目印をもとに、貯蓄しておいた食べ物を取りにいきます。小石を目印にすることもあります。

　しかし、記憶力が万全なわけではなく、忘れられたままの食べ物が春になって芽吹くこともあり、結果として森の再生を助けています。

　昆虫やミミズ、漿果、種子、トウモロコシなどを食べますが、小鳥の巣を襲うこともあり、巣の略奪者とも呼ばれています。

※ 日本にも生息していますが、本州以南で見かけるカケスは日本固有の亜種で、北海道にいるミヤマカケスがヨーロッパと同じ亜種です。

オオカモメ

Larus marinus

チドリ目（カモメ科）

分布：北アメリカ〜ヨーロッパ

　北大西洋沿岸に広く生息する海鳥で、フランスでは、カモメに「ゴエラン」と「ムエット」という2つの呼び名があり、住み場所や外見もほぼ同じですが、ムエットの方が小柄です。

　河口、砂浜、断崖、畑などあらゆるところにおり、その鳴き声と姿は港に風情を添えています。

　成鳥は白い頭に、黒い背と翼、赤い斑点のある黄色いくちばしをしています。茶色と白の斑点のある羽と、黒っぽいくちばしのものは若鳥で、最終的な羽に生え変わるには、生後4年を要します。

　草や砂利のある地面を削り、乾草や海藻を使って大きな巣を作ります。砂浜でほつれたロープやプラスチック片、羽根を拾ってきては巣に敷きます。

　1か月ほどで、1〜3羽の薄いグレーのヒナが生まれ、生後8週間で飛べるようになります。

　雑食で状況に応じて行動すると同時に、冷血な捕食者でもあり、トロール船についていったり、港で魚の残骸をあさったりするのに飽き足らず、岩に張りついている貝や甲殻類、野原にいるネズミを捕まえたり、ツノメドリやミズナギドリの巣を襲って卵やヒナを食べたり、ごみや死骸をあさったりします。

※ 日本には生息していません。

Larus Canus.

カワウ

Phalacrocorax carbo
カツオドリ目（ウ科）
分布：南アメリカを除く全世界

S字型をしたくびが特徴的で、海岸や内陸の水辺で見かける鳥です。黒い羽の色から、フランスでは「海カラス」とも呼ばれていましたが、現在では「カワウ」の名で呼ばれています。

集団を好み、断崖に大群で騒々しいコロニーを形成し、3か月の間休みなく、食いしん坊のヒナたちにエサを与え続けます。

かつて日本や中国では、ウを捕獲し、調教して漁業に用いていましたが、捕まえた魚を飲みこまないよう、喉の部分に細い首輪をつけて使っていました。

体は紡錘形で、足は短くて力強く、水かきがついているので、水をけって進むのに役立ちます。

水中でも目がきくため、獲物を確実に捕獲します。

空中から急降下して潜水する水鳥は、獲物をくわえて楽に飛翔できるよう、通常水をはじく羽と空洞のある骨を備えていますが、ウの羽は水を吸うため、水中深く潜ることが可能。獲物を捕まえたあとのウが、岩場や杭の上で濡れた羽や尾を広げて乾かしているのはこのためです。

右のイラストは、奥がカワウで、手前はマガモです。

※ 日本では鵜飼いにウミウが用いられていますが、中国の鵜飼いはカワウです。

LE MONDE DES OISEAUX

Ordre des Palmipèdes:
Cormoran.
Canard sauvage.

カンムリカイツブリ

Podiceps cristatus

カイツブリ目（カイツブリ科）

分布：ユーラシア〜アフリカ

カンムリカイツブリはカイツブリの最大種。池、沼、穏やかな川辺、貯水池、河口を住みかとし、湿生植物が茂る水辺に隠すようにして巣を作ります。

1か月ほどで、3〜6個の卵が孵り、ヒナの頭部には黒い線が入っています。泳ぐことはできますが、しばらくの間は親鳥の背にのって移動。潜りの達人で、水上でも水面でも自在に動きまわり、小魚や甲殻類、軟体動物、昆虫の幼虫などを捕まえます。飛ぶことは苦手で、渡る時にしか飛びません。

春が到来すると、巣作りのためにもとの湖に戻り、求愛の身なりを整えます。

二重の冠羽、ガーネットのような赤い瞳、赤茶と黒のカラーは、どこか貴族的な趣。カンムリカイツブリは人目を引くだけでなく、歌声にも耳を傾けてもらわないと満足しません。ラッパのようにカアカアと鳴いてパートナーの気を引き、くびをこすり合わせたり対面したり、頭を上下に振ったり、一緒に潜ったり、相手に水草を与えたりと、不思議なダンスを繰り広げます。

※ 日本では東北地方以北の湖沼で繁殖し、冬には全国の水辺で見られます。

Œufs et Nids

Le Grèbe Huppé

Œuf réduit d'un 1/3

ウタツグミ

Turdus philomelos
スズメ目 (ヒタキ科)
分布：ヨーロッパ〜中央アジア〜北アフリカ

　ウタツグミと呼ばれるからには、歌に長けていることはいうまでもないでしょう。しかし渡りの時期には、歌声を披露することはなく、金属的な地鳴きを発するばかり。3月から8月の求愛の季節になると、ようやくフルートのような澄んだメロディーを奏でたり、他のスズメ目の鳥たちのさえずりをまねたりします。

　エサを捕ることができる木さえあれば、森にも庭にも住みつきます。普段はカタツムリ、ミミズ、昆虫を、秋冬には漿果を食べます。ブドウが大好物で、フランス語で「ツグミのように酔う」とは「泥酔する」を意味します。

　小枝や枯れ草で作られた巣は、苔が敷かれて泥で固められ、滑らかな円を描いています。この快適な巣で、3〜5個の緑がかった卵を産みます。

　カケス同様、ツグミ類も蟻浴といって、アリを体にこすりつけます。アリの巣の上にうずくまって、ギ酸を取りこみ、寄生虫から羽を守るのです。

　求愛の美しいさえずりは音楽愛好家たちに大人気ですが、その柔らかな肉はグルメな人々からも高く評価されています。とくにフランスのプロヴァンス地方ではハンターたちの垂涎の的で、現在でも、鳥黐を塗った細い竿や網、銃などでツグミ類が狩られています。

※ 日本には生息していませんが、まれに迷ってくるものがいます。

ワシミミズク

Bubo bubo

フクロウ目（フクロウ科）

分布：ユーラシア

不幸を運ぶ鳥のあらゆる条件を備えたような鳥。褐色がかった淡黄色の羽には、無数の黒い斑点が縞模様を描き、枝と同化して姿を消すことができます。オレンジ色の虹彩は見る者を不安にさせ、低く深みのある鳴き声は単調この上なく、夜の沈黙を破るように響きます。しなやかな翼ははばたく時の音を抑えるので、音もなく飛ぶことができ、古城の城壁に巣を作ることもあるため、神秘的な力や魔力をもっていると長い間信じられてきました。

コガネムシからネズミ、ヘビ、トカゲ、キツネ、子鹿まであらゆるものをエサとし、骨、羽、毛、その他の不消化物をまとめてペリットとして吐き出します。

夜になると、並外れた夜間視力を駆使して、高いとまり場から獲物を待ち伏せ。夜間視力の優れた動物の例にもれず、車の光に当たると目をくらまされ、方向感覚を失います。

気分によってぴんと立つ突き出た冠羽（かんう）は、聴覚とは何の関係もありませんが、冠羽をもたないフクロウと見分ける時の目印となります。

伴侶と一生を共にし、テリトリー内の岩の裂け目や断崖の穴に巣を作り、毎年4羽のヒナを育てます。

※ 日本では北海道の一部で繁殖しています。

クロヅル

Grus grus
ツル目（ツル科）
分布：ユーラシア

　すらりとしたグレーの姿で、ヨーロッパのなかではもっとも大きな鳥の1つです。1日の大半を、種子や漿果、若芽、昆虫などをついばみながら過ごします。巣立って1年目の冬につがいを形成し、一生を共にします。

　3月から4月にかけ営巣地域で交尾しますが、オスは鳴き声を発しながら、メスが根をあげるまで執拗に追いかけます。

　沼地、湿原、水がたまった森の空地、池などに巣を作り、天敵から身を守りながら1か月かけてオスとメスが交替で抱卵。ヒナは巣立つ時にはすでに走ったり、泳いだり、危険から逃れたり、獲物を捕るテクニックを身につけています。

　冬になると、ヨーロッパに住むツルは大きな群れを形成し、毎年同じルートでスペインやアフリカ、中東へと渡ります。群れのまとまりを保持するため、1km先からでも聞こえるラッパのような鳴き声を発しながら、波打つV字を描いて渡っていきます。

　中国では命の循環の、日本では長寿の象徴です。

　サギやコウノトリなどと同様、しばしば1本足で立っているため、フランスでは長時間立ったまま待つ人を指して「ツル足で立っている」という表現が生まれました。

※ 日本には冬鳥として、九州をはじめ各地に少数が渡来します。

Œuf réduit au tiers

ヒゲワシ

Gypaetus barbatus

タカ目（タカ科）

分布：ユーラシア〜北アフリカ

　　高山を悠々と飛翔し、ヒマラヤ山頂にまで達するヒゲワシ。多くの猛禽類同様、ヒゲワシも3m近くに達する巨大な翼をもち、滑空技術では右に出るものはいません。

　　シロエリハゲワシ、クロハゲワシ、エジプトハゲワシと並び、フランスに生息する4種のハゲワシの1つで、ヨーロッパ最大の猛禽類でもあります。

　　オレンジがかった赤褐色の羽、半ズボン模様にベージュの毛が生えている足、黒い翼が特徴。黒い顔とは対照的に赤くふちどられた黄色い虹彩や、くちばしの付け根に生えている黒いひげも独特で、ヒゲワシの名もこれに由来しています。

　　ほとんどのハゲワシとは異なり、ヒゲワシの頭は羽毛に覆われているので、死骸をむさぼる時に汚れてしまいます。エサは死骸がメインで、腐肉にたかる動物たちが残した骨を食べます。骨には肉と同程度の栄養があるためです。喉がのび縮みするので、30cmもある骨をのみこむことができ、それ以上の大きな骨は、空中から落とし、岩にぶつけて割って食べます。そのため、フランスでは「骨割る鳥」という異名も。

　　20世紀を通じて、地中海地域の山脈に住む猛禽類は乱獲され、絶滅に瀕していました。しかし、飼育されている個体から生まれたヒゲワシがふたたび自然環境に導入されて以降、絶滅の危機は回避されたと考えられています。

※ 日本には生息していません。

アオサギ

Ardea cinerea

ペリカン目（サギ科）

分布：ユーラシア〜アフリカ

スレートのような色の羽をした大柄な渉禽類で、立つと頭の位置は1mの高さに達します。威厳に満ちた物腰や堂々と飛ぶ姿、うなじの黒いエレガントな冠羽で、見る人を魅了します。

干潟や内陸の水辺を好み、都市部近くにいることもあります。飛びながらグアッグアッと発するしわがれた鳴き声につられて空に目を向けると、くびを折り曲げ、足をのばして、ゆっくりと力強くはばたいている姿が見えます。

水辺では、獲物を待ち伏せながら、浅い水のなかを少しずつ進みます。くちばしは水面に軽く触れていて、獲物が目に入ろうものなら、いつでもくびをのばして突き刺そうと構え、魚だけでなく、両生類、爬虫類、甲殻類、小哺乳類も食べます。

2月から7月にかけての繁殖期には、他のサギ類と共にコロニーを形成し、川や池の近くの木に巣を作ります。

ツルや他のサギ類同様、熱を奪われないよう、くびを肩のまわりに巻くようにしてか細い1本足で立ち、もう片方の足は腹近くに折り曲げた姿勢を取ります。

※ 日本では各地の水辺に生息し、単独で採餌するのが特徴です。全国的に増加しています。

ツバメ

Hirundo rustica
スズメ目(ツバメ科)
分布：ユーラシア〜北アメリカ

ツバメは人家の軒下、梁、納屋や牛小屋に泥や枯れ草で巣を作ります。小鉢のような形をした巣ではヒナたちが押合いへし合いをしています。巣の真下の地面には小さな糞がたまるので、すぐにわかります。

親鳥たちはヒナたちのために、1日に数百回も巣と外を行き来してエサを持ち帰ります。

紡錘形の体型から独特の枝分かれした尾がのびていて、虫がたくさんいる野原や沼地の空を群れで飛びます。

アフリカへと渡る直前には、アシ原に集合し、飛びながら羽虫を思う存分のみこみ、海や砂漠を渡るために必要な数グラムの脂肪を貯めます。

晩夏の朝が明ける直前、ツバメたちはひっそりと旅立ちます。突然姿を消してしまうため、冬は沼の底に潜んでいるのだと長い間信じられてきましたが、18世紀になってようやく、アフリカで越冬しているという説が唱えられました。

フランスには、1つの事柄からだけで結論を出すことはできないという意味で、「1羽のツバメだけでは春にはならない」ということわざがあります。

※ 日本では、全国各地に春になると渡来する夏鳥です。

クラハシコウ

Ephippiorhynchus senegalensis
ペリカン目 (コウノトリ科)
分布：アフリカ

クラハシコウとコウノトリはよく似ていて、白と黒の羽、円錐型の赤いくちばしをもっています。しかし、クラハシコウはくびと頭が黒く、くちばしには太くて黒い線状の模様が通り、付け根には鮮やかな黄色い切り替えがあります。細長い黒い足で、足の中央が膝あてのように赤くなっています。

メスの目は黄色、オスは茶色。物腰のみならず体格も堂々たるもので、1.5mと大柄。湿地や川岸、湿原、淡水あるいは海水湖のほとりをゆっくりと歩いています。

魚、カエル、甲殻類、水生昆虫を見つけると、鋭いくちばしで一撃して食べますが、時には触覚に頼らねばならないこともあり、そんな時は、くちばしを左右に動かしながら、泥底や植物のなかを探ります。魚を仕とめたら、うろこやひれが広がって喉につかえないよう、頭からのみこみます。

留鳥で、毎年、小枝や枯アシでできた同じ巣を手入れしながら使います。

ひょろりとした体つきですが、大きくはばたいて軽やかに飛び立つと、くびや足をのばし、上昇気流にのって優雅に滑空していきます。

※ 日本には生息していません。

ナンベイレンカク

Jacana jacana
チドリ目（レンカク科）
分布：南アメリカ

　レンカク類には8種あり、いずれもビビットな色合いです。黒、黄色、あるいは赤いくちばしは、赤褐色、黒、または白い羽と見事に調和しています。小柄な渉禽類で、体長は15〜60cmです。

　熱帯地方や亜熱帯地方の浅い淡水沼に住んでいます。沼には獲物も住んでいて、ナンベイレンカクはくちばしの先端を使って、水の表面に現れる水生昆虫や種子をついばんだり、浮遊植物の根に潜む無脊椎生物を捕まえたりします。アジアではレンカクが稲田に入りこむこともあります。

　趾と爪が並はずれて長いため、水に漂う植物の上を器用に歩くことができます。

　レンカク類では、オスとメスの役割が反転し、交尾の際はメスどうしが、時には凶暴なまでに争ってオスにアピールする一方、オスは水上に巣を作り、4つの卵を抱卵し、ヒナが巣立つまでエサを与えて面倒をみます。その間、メスはテリトリーを守り、侵入者を追い返します。

※ 日本には生息していませんが、東南アジアにいる近種のレンカクが時々渡来することがあります。

Œufs réduits d'un tiers

ブラウンキーウィ

Apteryx australis
ヒクイドリ目（キウイ科）
分布：ニュージーランド

　キーウィは奇妙この上ない鳥で、見た目からして風変わり。背は丸く曲がっていて、尾はなく、退化した翼にはもじゃもじゃと茶色い羽が生えています。くちばしは長く、鳥には珍しいことにくちばしの先端に鼻腔があります。

　夜行性動物で2m以上先は見えないので、エサを捕るために、嗅覚と聴覚が高度に発達しています。この2つの器官をセンサーのように使って、多足類、クモ、カタツムリなどをやすやすと捕まえます。

　オスは鋭い鳴き声をあげてメスとコンタクトを取りますが、この鳴き声が「キーウィ」と聞こえます。これに対し、メスは調子はずれな鳴き声で応えます。

　キーウィは5種いますが、自然環境の変化や森の後退のため生息数は減り、ネズミやフェレット、犬猫といった天敵が導入されて以降、多くのキーウィの命が奪われています。

　ニュージーランドでは広く愛されて、国のシンボルに。ちなみに「キーウィ」は、ニュージーランド人を指すあだ名でもあります。

※ 日本には生息していません。

OISEAUX COUREURS — 5. Le Kiwi

ライチョウ

Lagopus muta

キジ目（ライチョウ科）

分布：ユーラシア北部、北アメリカ

　「ヤマウズラ」あるいは「雪の雌鶏」とも呼ばれ、アルプスやピレネー山脈の標高1800〜3000mの地帯で生息しています。
　趾が羽毛に覆われているため、かんじきを履いているかのように、粉雪の上もやすやすと移動できます。

　天敵から身を守るため、季節によって羽の色が変わり、冬には雪のように真っ白に、春は石ころだらけの荒地と同じグレー、茶、黒が混ざったような色に。冬の間のオスは、体全体が白くなるだけでなく、目のまわりからくちばしにかけて黒くなり、目の上に肉冠ができます。

　キジ、ヤマウズラ、オオライチョウなど他のキジ目同様、ライチョウも多くの時間を地上で過ごし、巣も地面の窪みに作り、飛ぶよりも歩く方を好みます。

　冬の食べ物はおもに樹木で、ドワーフウィロー、ブルーベリー、コケモモの小枝。腸内細菌が共生し、こうした食生活に適応しているため、硬い繊維も消化可能です。山々が青くなる頃には、草本や果実、花を食べはじめます。

　イヌワシやハヤブサ、ワシミミズク、キツネのみならず、人間からも狙われる鳥で、右のイラストでは、奥がライチョウで、手前はアカアシヤマウズラです。

※ 日本では、北アルプスと南アルプス、御嶽山、乗鞍岳、火打山などに、3000羽ほどが局所的に分布し、特別天然記念物に指定されると共に、絶滅危惧種でもあります。

ニシコウライウグイス

Oriolus oriolus
スズメ目（コウライウグイス科）
分布：ヨーロッパ、東アジア、アフリカ

　　ツグミほどの大きさで、体全体の金色と翼や尾の黒のコントラストが鮮やかで、スペインでは「黄金の羽」、ドイツでは「金色のツグミ」と呼ばれています。メスはやや華やかさに欠け、黄色というよりも緑、黒というよりもグレーに近い色。

　　平野部の葉深い林や、木立ちのある公園、果樹園や川の流れる森に生息しています。警戒心が強く、大木の葉叢に巧みに身を隠しますが、澄んだ優しいさえずりで、ニシコウライウグイスがいることがわかります。

　　8月から5月にかけてはサハラ以南のアフリカで過ごし、夏になると繁殖のため、食べ物が豊富なユーラシア大陸へと戻ります。昆虫なら飛んでいようが、ぶんぶんと音を立てていようが、飛び跳ねていようが、はっていようが、何でも好物。小さな果実も大好きで、とくにサクランボには目がありません。

　　メスは繁殖地に戻るとすぐに、木が枝分かれしている箇所につりかごのような巣を作り、動物のふかふかとした長毛を敷いて快適にします。

　　8月が終わる頃、3〜4羽の若鳥が親鳥と共に、アフリカ大陸を目指して初めての大旅行へ出かけます。渡る時は、おもに夜間に飛びます。

※ 日本には生息していませんが、近縁のコウライウグイスが旅鳥として、
　　春と秋にわずかに通過します。

Œuf grosseur naturelle

ニシツノメドリ

Fratercula arctica
チドリ目（ウミスズメ科）
分布：北大西洋

丸々とした体、水かきのついた短い足、ハトのような頭のニシツノメドリ。羽は白黒で、よちよちとした歩き方や、おしろいをつけたような顔とアイラインを引いたような黒い線が、どこかコミカルな印象で、「海のピエロ」という愛称がついています。

求愛の季節になると、くちばしの角質がきれいな色になり、パートナーを魅了しますが、繁殖期が終わるともとの地味な色に戻ります。

魚を食べ、その場でのみこむこともあれば、ヒナにやるためにくちばしにくわえて持ち運ぶこともあります。

おもに沖合に生息していて、繁殖の時にしか陸にあがりません。アイスランドやスコットランド、スカンジナビア、フランスのブルターニュ地方のレ・セット・イル諸島といった陸にいる時は、大きなコロニーを作ります。

春になると、卵をあたためるために深く掘った穴が無数に点在する海辺の繁殖地に、憂いに満ちた鳴き声が響き渡ります。40日間かけて抱卵し、ヒナを育てたあと、親鳥たちは海へ。おなかをすかせたヒナたちも、単独で海へ出ます。

フランス鳥類保護連盟は、ブルターニュ北部沿岸におけるニシツノメドリの乱獲を食いとめるために、1912年に設立され、この鳥をシンボルとしています。

※ 日本には生息していませんが、近種のツノメドリが冬鳥として、北海道東部沿岸にまれに渡来します。

アラナミキンクロ

Melanitta perspicillata

カモ目（カモ科）

分布：北アメリカ

フランスでは「白い額のクロガモ」と呼ばれ、体全体を覆う
真っ黒な羽と、白い額とうなじが特徴的。うなじの白い模様は
秋になると黒くなり、冬も半ばをすぎた頃にふたたび現れます。
その他、くちばしの両側にも、白や黒の模様があります。瞳は白
くて丸く、まるで鼻眼鏡をかけているかのようで、かつては「眼
鏡をかけたクロガモ」とも呼ばれていたとか。

水鳥であるアラナミキンクロは、波間に潜り、イカなどの軟
体動物やムール貝などの貝類、甲殻類を捕まえ、夏には、北極
圏の森やツンドラの湖、沼、川などで、エビや小魚、水生昆虫、
若干の植物を食べます。群れ生活を好み、冬になると大きな群
れを形成して、穏やかな河口、湾、三角洲などに集まります。巣
は地面の窪みに作られ、カムフラージュとして草が敷かれます。

求愛の季節になると、オスは頭部やくちばしの模様を誇示し
て競い合い、メスの気を引いて交尾します。卵が産まれると多
くのカモ同様、アラナミキンクロのメスも、抱卵時に人目につか
ないよう、こげ茶色の羽となり、約1か月すると、5〜9羽のヒナ
が孵ります。

※ 日本には生息していませんが、冬になると北海道や東北の沿岸にまれ
　に渡来します。

コウテイペンギン

Aptenodytes forsteri

ペンギン目（ペンギン科）

分布：南極

コウテイペンギンについては説明するまでもないでしょう。白黒2色の姿はあまりにも有名、このいでたちのおかげで海のなかでも目立たずに移動できます。

氷点下60℃にも達する南極の厳寒に耐えることができるのは、集合密度が高いため。

得意技はなんといっても泳ぎで、並はずれて潜りがうまく、10分もの間、凍てつくような水に潜り、水深250mまで達して、魚やイカ類をのみこみます。

紡錘形の体型と、水かきのような形をした翼で敏速に泳ぐことが可能です。

オスは下腹部の脂肪分のあるひだ部分に卵を入れ、2か月間あたためます。抱卵の間、オスたちは体を寄せ合って寒風から身を守り、交代で輪の外側に立って、南極の厳しい寒さに耐えます。一方、メスは海で栄養補給し、春になるまで戻ってきません。抱卵から解放されてやせ細ったオスは、流氷近くの魚の多い海域で栄養をつけます。

ヒナは集団で育てられ、親鳥は声で自分のヒナを識別します。体長は1.1mで、南極からエクアドルまで分布する18種のペンギン科のうちでも最大。オオウミガラスと混同されることが多いものの、系統関係はまったくありません。

※ 日本には生息していません。

カワセミ

Alcedo atthis
ブッポウソウ目（カワセミ科）
分布：ユーラシア〜北アフリカ

　カワセミは翼こそ短いものの、水面すれすれに一直線に飛び去るため、メタリックな稲妻のような青い光しか目撃できません。

　体全体は青緑色で、腹は白い模様の入ったオレンジがかった淡黄褐色。縄張り意識が強く、穏やかで澄んだ魚のたくさんいる川を約1kmに渡ってひとり占めし、侵入者を激しく拒みます。

　オスはメスに魚を差し出してつがいとなり、川岸に約50cmの巣穴を掘って巣とします。

　北部に生息するカワセミにとって冬の寒さや凍結は厳しいため、暖かい沿岸部に移動するか、南へと渡ります。

　枝にとまって、あるいはホバリングしながら魚を探し、見つけるやいなや衝撃に備えて翼をたたみ、急降下して水に突入。魚を頭からのみこむと、あとから骨やうろこをペリットとして吐き出します。

　存在感のあるくちばしは剣のように鋭いため、空中から水へと一気に飛びこむことが可能。日本の新幹線は、トンネル進入時の風圧を緩和するため、カワセミのくちばしをヒントに設計されました。

※ 日本では、各地の池や河川などの水辺に普通に生息。一時、農薬の影響で激減しましたが、近年は復活しています。

クロウタドリ

Turdus merula

スズメ目 (ヒタキ科)

分布：ヨーロッパ、南アジア、北アフリカ

　全身真っ黒で、くちばしと目のまわりは黄色。ただし、メスは茶に近い色をしています。とまり木から響く変化に富んだ優しいさえずりを聞くと、フランスでよくいう「ツグミのように口笛を吹く」、すなわち「上手に口笛を吹く」という言いまわしも納得できます。

　森の境界や、郊外の生け垣、下草の生い茂る場所、公園や庭などをテリトリーとし、テリトリーの主は自分なのだと、美しい声で周囲に主張します。春になると枝に隠すようにして、草や小枝、泥、苔、木の根を用いて小鉢のような巣を作り、3～6つの赤茶模様の青い卵をあたためます。

　両親からエサをもらって育てられたヒナたちは、1か月もすると自力で飛べるようになり、地面を跳ねまわりながらミミズを食べ、枯葉をつつきながら昆虫やクモを見つけ出します。

　羽をふくらませ、尾や翼を広げて日光浴する姿を見かけることもあります。

※ 日本では生息していませんが、旅鳥としてまれに渡来します。

Œuf grosseur naturelle

アカトビ

Milvus milvus
タカ目(タカ科)
分布：ヨーロッパ

　枝分かれしたような尾と、肘形に曲がった大きな模様のある長い翼を備えた鳥で、飛ぶ姿から一目でわかります。近縁のトビとの違いは、この翼の模様。翼の先端には長い羽が生えていて、滑らかに空を飛ぶことが可能。尾は舵の役割を担っているので、正確にカーブを描くこともできます。上昇気流にのって、体力を消耗することなく何時間も帆翔するため、日照条件が飛翔を左右し、雨は邪魔ものということになります。

　上空からテリトリーを見張り、並はずれた視力で死骸、げっ歯類、その他の小動物を片端から見つけては、超低空で飛行あるいは急降下し、飛びかかる直前に足を前に出して、黄色く力強い爪で獲物をつかみます。

　狩りは開けた場所で行いますが、巣作りには大木を選び、羊毛を敷いて居心地よく整えます。そのため、放牧地や耕作地に近い森の境界や、ところどころに木立ちのある空地を好んで住みかとします。

　求愛の季節になると、仰天するようなアクロバットを大空で繰り広げ、つがいが足と足でつかまり合いながら、木立ちすれすれに螺旋状に落ちていきます。

　卵が孵化してから50日目には、3羽のヒナが空へと飛び立ちます。

※ 日本には生息していません。

(Milvus regalis.)

イエスズメ

Passer domesticus
スズメ目（スズメ科）
分布：世界各地

中東原産の鳥で、今や世界でもっとも広く分布しています。森よりもむしろ都市部に数多く生息し、グレー、ベージュ、黒、白の格子模様のついた平凡な姿なので、あえて目を向ける人も少ないでしょう。

ありふれた外見を少しでも目立たせるかのように、求愛の季節になると、オスは喉から胸にかけて黒くなり、ほおには2つの白い模様ができます。

フランスで「スズメのような食欲」というと、少食を意味しますが、実際は食欲旺盛な鳥で、胃は小さいものの、エサをがつがつとむさぼります。空での追跡に長けていて、飛んでいる昆虫を捕まえることもでき、地上では飛び跳ねながら、種子、昆虫、植物の芽、果実を食べます。とくに穀物に目がなく、そのために害鳥と考えられることも。

群れ生活を好み、秋から冬には寄り集まって大きな群れを形成し、砂浴びをして寄生虫を取り除きます。

求愛の時期になると、オスは大がかりなゲームをしかけます。複数で1羽のメスを囲み、鳴き声をあげ、黒い喉を誇示し、尾を扇形に広げ、翼を下に反らすのです。こうした力の誇示は、時にケンカへと発展することもあります。1シーズン限りのつがいを形成し、最大4回の育雛をします。

※ 日本には北海道で観察された記録があります。

ユリカモメとミツユビカモメ

Larus ridibundus, Rissa tridactyla
チドリ目（カモメ科）
分布：北半球

　フランス沿岸部には、ユリカモメとミツユビカモメが生息しています。いずれも羽は白く、翼は灰を蒔いたようなグレーです。ただしミツユビカモメと違って、ユリカモメは繁殖期になると、頭部がこげ茶色になります。

　ユリカモメのフランス名「陽気なカモメ」は、豊かで変化に富んだ歌声に由来。エサとなる対象は、ミツユビカモメよりも幅広く、野原で残骸、果実、ミミズ、昆虫などを食べる他、魚も捕まえます。他の鳥を追いかけて、くちばしから獲物を奪う図々しい面もあります。

　ミツユビカモメは、繁殖期が到来すると内陸へ向かい、淡水あるいは海水の水辺にところせましと集まります。ヒナはベージュ、茶色、黒の保護色で、生後1か月で自立します。ユリカモメよりも大柄で、水かきのついた足が3本趾であることから、「ミツユビカモメ」と呼ばれます。他のカモメ種の趾は4本です。

　普段は沖合に生息し、魚を食べ、繁殖の時しか陸に戻りません。1月から2月にかけて、断崖の張り出した部分に大挙してコロニーを形成し、営巣します。白とグレーの羽毛に包まれたヒナは、崖の上に作られた巣で1か月過ごしたのち、飛び立ちます。大型のカモメ類は他のヒナを食べるため、この期間は、大型のカモメ類に注意しなくてはなりません。

※ 日本には生息していませんが、冬期になると、内陸部の河川や湖沼に
　ユリカモメが、沖合にミツユビカモメが渡来します。

Nid de Mouette et Goëland.

ハイイロガン

Anser anser

カモ目（カモ科）

分布：ユーラシア

　茶色がかったグレーの姿で、羽のふちは明るく、虫食いのような細い縞模様があります。どっしりとした体格の割に家禽のガチョウに似ているのは、数千年前にハイイロガンが家畜化されてガチョウになったため。

　春は植物の茂みを求めて湖や沼地周辺を歩きまわり、冬は穏やかな三角洲や貯水池、起伏に富んだ草原を好みます。

　草食性で魚には見向きもせず、水生植物の根っこや陸の草、塊茎、種了などを食べます。

　冬が近づくとすぐに、北部や中部に生息するガンは西ヨーロッパや地中海沿岸へと渡ります。ツルやウなどと共に数百羽単位の大きな群れを形成し、V字型で飛んでいきます。よく通る鼻にかかった声で思う存分ガアガアと鳴くので、にぎやかな旅となります。

※ 日本では、まれな冬鳥として観察された少数の記録があります。

ノガン

Otis tarda

ノガン目（ノガン科）

分布：ユーラシア

　どっしりとした体つきで、ノガン科では最大種のため、フランスでは「大ノガン」とも呼ばれています。

　頑丈な足をもち、飽きることなく平原や乾燥した温帯草原、青々とした野原を歩きまわっては、葉、根、種子、昆虫、ミミズ、トカゲ、ハタネズミなどあらゆるものを食べます。

　オスでは最大17kgに達するほどがっちりとした体格にもかかわらず、飛ぶことが得意で、ガンのように頭とくびを前にのばして、力強くはばたきます。

　オスの背は赤茶色と黒が混じり、腹は白く、派手な求愛行為を披露します。尾羽を開き、翼や尾羽をふくらませ、逆立たせて、裏返して見せたかと思うと、その場でうなり声をあげながら、足踏みをします。白い球体と化したオスは、自らの驚くべき魅力にメスが屈するのを待ちます。

　巣作りはメスの役目で、地面をひっかいた窪みにごく簡素な巣を作ります。2〜3個の卵を産み、1か月間抱卵します。

　ヨーロッパでは、農業の機械化や穀物の集中単作により、生息地の一部が消滅し、生息数が減っています。

※ 日本には生息していませんが、ごくまれに渡来することがあります。

OISEAUX BARBUS.
6) L'Outarde.

インドクジャク

Pavo cristatus
キジ目（キジ科）
分布：インド、スリランカ

　夢のように美しく、原産地のインドやスリランカでは自然のなかに生息し、ヒンドゥー教では聖なる鳥とされています。

　さざめく波のような青い羽と気取った冠羽、婚礼衣装のような華やかな上尾筒をもち、世界の鳥たちのなかでも花形。とりわけ尾羽を震わせながら気取って歩く姿は、うっとりするほどで、敵を怖気づかせる時にも役立ちます。メスや競争相手、そして脅威がない時にも、見事な上尾筒を広げることがありますが、理由はわかっていません。

　羽はその構造により、光が当たると虹のような色が七変化に反射します。尾には約140の眼状紋があり、まぶしいほどに鮮やかな青い模様が光ります。人はその美しさと気品に引きつけられ、クジャクを飼育して世界中に輸出したため、すでに古代には地中海沿岸でも飼われていました。

　恰幅がよいものの飛ぶことができ、地上にいる時間が長いため、木登りもします。

　見目麗しいクジャクですが、耳には必ずしも快いとはいえない、不規則で騒がしい、わめくような鳴き声を発します。

　また、雑食でコブラの幼蛇に目がないとされています。

※ 日本には生息していませんが、離島などで移入種（外来種）として定着しています。

BON POINT

PAON COMMUN

モモイロペリカン

Pelecanus onocrotalus

ペリカン目（ペリカン科）

分布：南ヨーロッパ、東ヨーロッパ、アジア、南アフリカ

　アジアのステップ湖やドナウ・デルタなど、アシの茂る湿地帯にコロニーを形成して生息しています。

　巣は地面に小枝を組んだ簡素なもので、親鳥が水辺でエサを探している間、他の親鳥がヒナを集めて面倒をみます。

　ヒナは長いこと巣にとどまり、生後2か月半経ってようやく飛び立ちます。

　体長2.8mで、骨は空洞ですが抵抗力があり、軽くて飛ぶのに適した構造です。優雅に滑翔し、悠々とはばたきます。

　ペリカンの最大の特徴は、咽喉嚢と呼ばれるくちばしの下にある柔らかな膜。袋のような形をしており、巣作りのための材料を運んだり、体温調節をしたりと様々な働きをします。

　網のように魚をすくい、最大4kgまでためこむこともできます。魚しか食べず、川岸の方へ追いこむ狩り出し漁をします。

　ヒナたちは親鳥の咽喉嚢から直接エサを取り出しますが、時には血だらけの魚片が出てくることもあります。こうした姿から、ペリカンは自らの臓腑を子どもに分け与える献身的な親の象徴とされています。

※ 日本には生息していません。

Ordre des Palmipèdes
Pélican onocrotale
Harle bièvre

ヨーロッパヤマウズラ

Perdix perdix
キジ目（キジ科）
分布：西ヨーロッパ

　ヨーロッパに広く分布する、もっとも一般的なヤマウズラです。繁殖期になると、頭部やくびの黄土色がかったグレーの羽がオレンジ色へと明るく変化し、グレーの胸部には濃い赤褐色の斑点ができます。

　群れになって飛んでいる時は騒がしいものの、夜明けや夕暮れ時に野原を歩きまわっている時は静かで、葉や果実、漿果、植物の芽、種子、昆虫やミミズを探しています。

　つがいになるのは年明け頃で、オスは尾羽を扇状に広げて、羽や脇腹の明るい縞模様を誇示します。

　巣は地面に作られ、12個ほどの卵をメスが単独で約20日間あたため、エサを探しにいく時は、乾いた草や葉をかぶせて卵を隠します。

　ヒナたちは孵化してから1時間もすると、早速巣の外へと冒険に出かけ、20日後には飛びはじめます。

　木が生い茂る土地や湿地を避け、開けた平野や穀物畑、農地、未耕作地に生息し、危険が迫ると飛ばずに走って逃げます。山岳部に住む場合もありますが、初雪と共に山をあとにします。ハンターたちはヨーロッパヤマウズラを求めて、山岳地域を歩きまわります。

※ 日本には生息していません。

セキセイインコ

Melopsittacus undulatus
オウム目（インコ科）
分布：オーストラリア

　野生のセキセイインコは緑色。オーストラリア内陸に広く分布し、群れで、それも時には大きな群れで放浪します。ガリッグ（石灰質の荒地）や草原、木が点在する林などに生息し、仲間と共に木の枝で夜を過ごして朝になると、大声で、あるいはピイピイと鳴きながら、エサを探しに出かけます。

　繁殖期には、樹洞や枯れ枝の空洞などに巣を作ります。

　でこぼこした木をしっかりとつかむため、セキセイインコも向かい合った2対の指をもっています。

　美しい羽色のため、19世紀半ば以降、観賞用に飼育され、現在、ペットとしてはカナリアと並んでオーソドックスな鳥です。セキセイインコは複数の色素を合成することができるので、地道な選択作業と変異の結果、飼育化されたインコでは、青、黄、グレー、紫、白など、様々な色彩の発色が可能となりました。国際コンクールでは、高名な専門家たちが数千羽ものインコの羽の色合いや完璧さなどを審査します。

※ 日本には生息していません。

ヨーロッパアオゲラ

Picus viridis

キツツキ目（キツツキ科）

分布：ユーラシア

ヨーロッパや西アジアに分布する鳥で、果樹園や開けた森、森の境界などに生息していますが、都市部の公園や庭で見かけることもあります。

緑と黄色の羽で、頭には鮮やかな赤がベレー帽のような模様を描いています。口のあたりにある斑点がオスでは赤いのに対し、メスでは黒です。

森での生息に適した身体構造で、木の幹につかまりやすく、垂直に飛びやすいように、足は短く、向き合うことのできるかぎ形の爪がついています。尾羽は非常に頑丈で、木をのぼる時の支えの役割も果たします。

春になると、テリトリーを主張しようと、硬いくちばしで木をつつくことがありますが、むしろ甲高く激しい笑い声のような鳴き声を耳にすることの方が多いでしょう。

この季節につがいで2〜4週間かけて、柔らかい古木に穴を開けて巣を作ります。5〜8羽のヒナが生まれ、生後25日で親離れします。

おもなエサはアリで、くちばしを使ってついばんだり、細長く粘着性のある舌をアリの巣のなかに入れて捕まえたりします。昆虫、ミミズ、カタツムリ、一部の漿果や種子なども食べます。

※ 日本には、近縁のヤマゲラが北海道に、アオゲラが本州以南に生息しています。

BON POINT

PIC VERT

カササギ

Pica pica

スズメ目（カラス科）

分布：ユーラシア、北アメリカ

　木が点在する田園風景ではおなじみの鳥で、白と黒の羽と末広がりの尾をしています。

　昆虫やミミズ、種子をついばんだり、飛び立ったり、牛や馬の背にとまって寄生虫を食べたりしている姿がよく見られます。

　近年人間の居住地近くに住むことが多く、残飯も食べますが、小鳥の巣を襲ってヒナを捕食することもあるため、フランスでは「巣泥棒」という、うれしくない名前でも呼ばれています。

　貞淑な鳥で、一生を伴侶と共にします。

　天敵はテンやムナジロテンなどごくわずかで、縄張り意識が強く、テリトリーをめぐってハシボソガラスと争うこともしばしば。

　ハシボソガラスや他のカラス類同様、カササギも驚異的な知能をもち、霊長類やイルカ、ゾウと並んで、自らの姿を識別することができます。気づかれないように羽にマーキングすると、鏡で見つけて、それを懸命になって取り除こうとします。

　光りものが好きで、「宝石泥棒」とも呼ばれますが、泥棒というよりも、光りものをはじめとするあらゆるものに対し好奇心旺盛な鳥です。

※ 日本では、佐賀に朝鮮半島からもちこまれた集団が定着していますが、北海道にもロシアから侵入した集団が生息しています。

モリバト

Columba palumbus

ハト目（ハト科）

分布：ヨーロッパ

　モリバトは、ヨーロッパではもっとも一般的な鳥で、森や田園、公園、庭、広場などで繁殖しています。一見平凡なグレーの羽もよく見ると、薄青、くすんだピンク、赤紫といった微妙なニュアンスがあり、虹色の光沢を放っているのがわかります。

　社会的で群れ生活を好み、集まっては、種子、どんぐり、木の根、葉、漿果などのエサを探します。また、群れでいるため、天敵を寄せつけません。

　3月から7月にかけて、ハトの行動は一転します。仲間たちと行動することも分け合うこともなくなり、パートナーとヒナの世話に集中します。とくに、ヒナを全力で守ります。ヒナたちは生後1週間、ピジョンミルクで育てられます。これは、嗉嚢（p74参照）から分泌される液状のもので、哺乳類のミルクに成分が近いことから、こう呼ばれています。

　分布により、定住することもあれば渡ることもあり、北端に住むものは毎年ピレネー山脈を越え、スペインへと向かいます。ただし渡りの途中で、ハンターに狙われることもあります。

　このハトを飼育する愛好家もいて、なかには伝書鳩になるものもいます。

※ 日本には生息していません。

ツリスガラ

Remiz pendulinus
スズメ目（ツリスガラ科）
分布：ユーラシア

　腹はクリーム色で、翼は明るい赤褐色、顔には黒い縞模様があります。

　平野に生息し、カバノキ、ヤナギ、ハンノキが植生する池や川のほとりを好みます。

　オスは5月になると、こうした木の垂れさがったしなやかな細枝を選んで、巣作りをします。負いかごのような形をした不思議な巣は長い繊維で作られ、植物の柔らかな冠毛や長毛、その他の毛に覆われています。巣を約2週間かけて作ると、メスが5〜8個の白く細長い卵を産みます。

　オスはすぐに別のメスを求めて、新たな巣作りに取りかかるのが常で（一夫多妻）、本能に従って次から次へと巣作りをし、最大5つもの別宅を作ることも。

　昆虫、クモ、毛虫が好物で、細枝から細枝へと軽やかに飛び移り、獲物を捕えようと、頭を逆さにして大胆な軽業を披露することもあります。

※ 日本では繁殖していませんが、冬鳥として河川のヨシ原などに渡来することがあります。

Œufs grossis ¼

シャカイハタオリ

Philetairus socius
スズメ目（ハタオリドリ科）
分布：南アフリカ

　　ナミビアやボツワナ、南アフリカのアカシアが散在する乾草サバンナにのみ分布します。

　　羽は地味な栗色ですが、ふちがクリーム色になっていて、背や翼に繊細なうろこ模様があり、ブルーグレーのくちばしや足と美しく調和しています。

　　巨大な巣を作って集団生活を営むことから命名されました。

　　他の多くの鳥と異なり、年間を通して同じ巣に住み、巣は最大500羽まで収容でき、数世代にわたって使用されます。数百羽の鳥が巣作りに参加し、わらを集めて、地上数メートルの高さのアカシアの枝や電柱に営巣します。断熱性が高く、日中の暑さや夜間の寒さを通しませんが、重量が数トンに達することもあり、枝や電柱が耐えきれなくなって、地面に落ちてしまうことも。上部には数百の入口があり、トンネルによって無数の部屋へとつながっています。

　　繁殖期は、昆虫や種子が増える雨季と重なります。

※ 日本には生息していません。

Œufs grosseur naturelle

ニシブッポウソウ

Coracias garrulus

ブッポウソウ目（ブッポウソウ科）

分布：北アフリカ〜南ヨーロッパ〜中央アジア

　なかなか目にする機会の少ない、非常に美しい鳥です。青緑色の羽で、肩には薄紫の模様があり、赤褐色の背は、翼や尾の黒い模様と美しいコントラストをなしています。

　キツツキが木をつついて掘っていた樹洞や大きな壁の窪みなどに営巣し、荒地、石灰質の乾燥地帯、木立ちや茂みの点在する草原をテリトリーとします。昆虫食のニシブッポウソウにとって、こうした日当たりのよい開けた乾燥地帯はよい餌場で、地上ギリギリまで急降下しては、バッタ、キリギリス、コオロギ、ムカデなどを捕まえます。

　おなかを満たしたあとは、1日に数回、消化できないキチン質の硬い部位を吐き出します。

　春には地中海一帯や東ヨーロッパに姿を見せますが、近年はその機会も少なくなってきているようです。冬はサハラ南部で過ごします。

　求愛行動は空を舞台とし、オスはメスの気を引こうと、しわがれた甲高い鳴き声を発しながら、不規則にきりもみ、宙返り、反転急上昇、急降下を繰り広げます。

　4〜6個の卵を産み、1か月後にはヒナたちが平原へと飛び立っていきます。

※ 日本にいるブッポウソウは夏鳥。森林に住み、甲虫やセミなどを捕らえます。

Blaurake.

サヨナキドリ

Luscinia megarhynchos
スズメ目（ヒタキ科）
分布：ユーラシア、アフリカ

　美しいさえずりは広く知られていますが、姿を見かけることはごくまれ。単独を好み、地味な外見のためです。

　背はありきたりの茶色で、尾は赤褐色なので、巣のある茂みや青々とした灌木にいても、なかなか目立ちません。

　渡来当初は時間に関係なくにぎやかに鳴き声をあげ、鳥としては珍しいことに夜に鳴くこともありますが、季節が進むと、日中に甘く優しいさえずりを響かせます。

　ヨーロッパやアジアに生息するヒタキ科のうち一部の種類は、フランスで「ロシニョール」すなわち「澄んだ鳴き声の鳥」といわれ、変化に富む、澄んだ美しい鳴き声という点ではヨーロッパに分布するサヨナキドリの右に出るものはいません。

　巣は枯れ草や細枝でできていて、茂みのなかにすんなりと溶けこんでいます。メスは4〜5個の卵を産み、秋になるとサハラ以南のアフリカへと長い旅に出ます。

※ 日本には生息していません。

Œufs et Nids

Le Rossignol

Œufs grosseur naturelle

ヨーロッパコマドリ

Erithacus rubecula

スズメ目（ヒタキ科）

分布：ヨーロッパ〜北アフリカ〜中東

　人なつこく、枝から枝へと軽やかに飛びまわります。

　ガーデニングをする人にはおなじみの鳥で、地面のなかにいる幼虫などを掘り出して食べます。

　ふっくらとした体型で、くびをかしげる姿が愛らしい、親しみやすい人気者。しかしテリトリーが脅かされたり、侵入者を追い出したりする時には、一転して攻撃的かつケンカ腰になり、オレンジ色のくびや胸を誇示して相手を威嚇します。激しい争いになることもあり、相手を地面にたたき落とそうと、お互い必死に戦います。

　飽きもせず、昆虫や小さな節足動物、漿果を探しまわり、冬には誰かがエサ台に盛ってくれた好物の種子やバターも食べます。

　田園、都市部を問わず、森、生け垣などで囲まれた畑や牧草地、公園、庭などに生息しています。木に隠れるようにして枯れ草や細枝で作られた巣には、赤模様の入った白い卵が5〜7個産みつけられ、メスが約2週間抱卵します。気配りのきいたオスは、抱卵しているメスにたびたびエサを運びます。

　ヒナは生後約2週間で巣をあとにしますが、喉の部分が赤くなるまでには、2か月ほどかかります。

※日本には生息していません。

ヨーロッパヨシキリ

Acrocephalus scirpaceus
スズメ目（ヨシキリ科）
分布：ユーラシア、アフリカ

　沼地のアシやイグサ、ガマ、スゲが生い茂っているうっそうとした茂みに守られるようにして生息しているため、天敵もなかなか手が出せません。

　羽が目立たないベージュなので一層見つけにくい鳥ですが、昆虫を追いかけて飛び立つ時や、細い足で水の上を歩くアメンボを捕まえる時には、姿が見えるかもしれません。

　春の初め、メスは、アシに引っかけるようにして枯れ草で作ったおわん型の巣に卵を産みます。12日ほど経つと、まだ毛もなく、目も見えない5羽のヒナが生まれ、さらに2週間すると、羽毛が生えて体力もついて巣立っていきます。

　夏が終わる頃、昆虫の数が少なくなると、アフリカへ渡ります。出発の数日前までに、アブラムシや漿果をたっぷりと食べて、長旅に備えます。

　体長約15cmながらも疲れを知らず、地中海、サハラ砂漠を越えて、アフリカ大陸中央部や南部の広大な沼地へと8000kmもの距離を旅します。4月初めに越冬を終えますが、前年とまったく同じ営巣地へ戻ってきます。

※ 日本には生息していません。

ジャワアナツバメ

Aerodramus fuciphagus
アマツバメ目（アマツバメ科）
分布：東南アジア

　東南アジアに生息する、小柄な茶色い鳥。アマツバメ同様、長い翼は鎌形で、尾羽は枝分かれしています。

　断崖にコロニーを形成しますが、洞窟にも住んでいて、コウモリのように反響定位（短い鳴き声を発し、その反響によって自分の位置をはかる）しながら、暗闇のなかを飛ぶことができます。夜が明けると仲間たちと共に巣をあとにし、日中、昆虫を食べまわり、夜にようやく戻ってきます。

　近縁種は30種ほどいますが、もっとも広く知られているのがこのジャワアナツバメです。

　12月になると、唾液腺から分泌される白い粘液を用いて岩壁に営巣します。

　アジアでは、滋養強壮効用があるとして、アナツバメの巣が珍重され、スープにして食べられることから、地元の人たちは、4月に竹で足場を組んで巣を採取し、高値で販売します。巣を失ったジャワアナツバメたちは、ふたたび巣を作り、子育てをしますが、この巣も8月には採取されてしまいます。

※ 日本には生息していません。

Œufs grosseur naturelle

セリン

Serinus serinus
スズメ目（アトリ科）
分布：ユーラシア、北アフリカ

　鮮やかな黄色と黒が美しい、エレガントなスズメ目の鳥。人なつこく、南部地方の庭や公園、果樹園、茂み、松林、青々としたコナラの林に住んでいます。

　普段は群れで、土や雑草の上で種子を食べまわっていますが、求愛の季節である春が到来すると、オスは本来の縄張り意識が強くなり、仲間たちとは距離をおきます。高いところに陣取り、翼は下に尾は上に向けて、鋭く金属的な鳴き声を長々とあげて自分を誇示します。非常に活動的で、小さなテリトリーをあちらからこちらへとひらひら飛びまわります。

　その間、メスは枝の分かれ目に巣を作ります。巣は細根や苔でできていて、内側には羽毛や羊毛が敷かれています。

　3〜4個の卵を産み、ヒナが孵ると、ヒナは種子を食べて栄養をつけ、2週間後に飛び立ちます。

※ 日本には生息していません。

CINI — (Serinus meridionalis)

ベニヘラサギ

Platalea ajaja
ペリカン目（トキ科）
分布：南アフリカ

トキ、シラサギ、ゴイサギと並んで、ヘラサギ類も長いくびと細長い足をもつ水鳥です。沿岸の湿地や浅い沼地にいて、魚や水生生物をエサとします。

顔から胸にかけては白っぽく、背中から腹部は鮮やかなピンクです。

黒く平らなくちばしは、先端が黄色で、先が広がって丸みを帯びています。名前の由来でもあるこのくちばしは、非常に感度がよく、触覚を駆使して獲物を捕まえます。水浸しの土地を飽きもせず、くちばしを半開きにしながら注意深くゆっくりと歩きまわり、獲物を見つけると、すばやくくちばしを閉じます。

視覚を利用して鋭いくちばしで獲物を捕える他の渉禽類に対し、ヘラサギ類には夜間もエサを探すことができるという利点があります。狩りをしていない時は、羽の手入れに夢中です。

高い木に営巣して群生しますが、他の水鳥とも共生します。

※ 日本には生息していません。

SPATULE

ズグロウロコハタオリ

Ploceus cucullatus
スズメ目（ハタオリドリ科）
分布：アフリカ南部

アフリカ原産の鳥ですが、インド洋やカリブ海諸島へもちこまれ、あっというまに分布を拡大しました。

スズメよりもやや大きく、オスは鮮やかな黄色で、顔にはマスクのような黒い模様があり、目は赤く、くちばしは黒く短く円錐のような形をしています。メスはオリーブ色です。

雨季に、種子や果実、アリやコガネムシの卵、花があふれると、繁殖の季節がやってきます。最初のにわか雨が降ると、オスは若草を探しに肥沃な草原へ。若草は簡単に絡み合うので、玉ねぎ型の巣を作るのに適しているのです。1本の木に10個の巣がつりさがることも珍しくありません。

巣作りが終わると、オスは巣にしっかりとつかまって、頭を下にしてさえずります。巣が干からびて快適さが失われないうちに、メスを見つけなければならないのです。

メスはオスに興味をもてば、つがいになり、巣を手に入れることができます。一方、オスは別のメスを魅了しようと、すぐに別の巣作りに取りかかります。最大5つの巣を作り、メスを獲得します。

※ 日本には生息していません。

Œufs grosseur naturelle

オニオオハシ

Ramphastos toco
キツツキ目（オオハシ科）
分布：南アメリカ

　オニオオハシというと、ギアナやブラジル、パラグアイの熱帯林を思い浮かべますが、実際は木の茂るサバンナやココヤシの林、その他、大木に囲まれた農地を好みます。

　木の空洞に営巣し、果実を常食としますが、昆虫や爬虫類も食べます。盛りあがった形をしたくちばしの先端でエサをはさみ、細長い舌を使ってほどよい位置にずらして、頭からのみこみます。人間を怖がらず、エサを探して人間の居住地にまで入りこむこともあります。

　林冠がお気に入りで、小さな群れを形成し、カエルのような鳴き声を交わし、毛づくろいをし合い、エサを交換します。

　42種のオオハシはいずれも南アメリカ原産で、体長はオニオオハシが最大。黒い羽と白い胸、赤い下尾筒、青いふち取りのある目が特徴です。羽の色も独特ですが、目印はなんといっても、華やかな黄色の大きなくちばしでしょう。先端が黒いのが、他の鳥と違う点です。一見重苦しそうに見えて意外に軽いくちばしもオニオオハシのトレードマークで、南半球の目玉の1つでもあります。

※ 日本には生息していません。

TOUCAN VITELLIN

ミソサザイ

Troglodytes troglodytes

スズメ目（ミソサザイ科）

分布：ユーラシア、北アメリカ

　丸々とした体つきで、体長10cmとポケットに入るくらいの小柄な鳥。体重はわずか10gで、キクイタダキと並びヨーロッパでは最小種です。

　羽も地味な茶色で、わずかに眉の部分の色が違う程度で、控えめな容姿ですが、敏捷かつ活発、年中鋭い鳴き声を発して存在を主張します。小柄な体格に似合わず、驚くほどの声量です。

　多種のミソサザイが存在し、アメリカ大陸には24種が生息しています。学名*Troglodytes*、すなわち「穴に住む者」の通り、空洞や穴を好み、繁殖期以外はこうした場所でくつろぎます。

　また、庭や小石の多い土地、茂み、森、耕作地でも、超低空飛行したり、ネズミのように草の影を縫って地面を掘ったりしている姿が見られます。

　4月になると、オスは木の空洞や岩穴、川岸などに複数の巣を作り、メスはヒナを育てるのに居心地のよさそうな巣を選び、5〜7個の白い卵を産みます。1か月後、ヒナたちは昆虫、クモ、幼虫を探すために飛び立ちます。

※ 日本では、亜高山帯の森林樹林や渓谷に生息。冬になると低地にくだります。

LE TROGLODYTE

ミミハゲワシ

Sarcogyps calvus

タカ目 (タカ科)

分布：インド〜中国〜東南アジア

　黒い羽で、胸のまわりにはショールのような白い模様があります。毛のない頭は赤みを帯び、美しいとはいいがたい肉垂れがついています。肉垂れには血管が通り、体温調節の機能を果たしています。

　平均2mの翼幅で、インド、中国、東南アジア西部に分布し、ヒマラヤ山脈の支脈でもよく見られます。

　ほどよい気流がくるとすぐに飛び立ち、悠々と何時間も滑翔し、死骸を見つけると着地して、かみちぎって食べます。

　本来の生息地では、獲物である家畜への投薬により、ミミハゲワシの生存が脅かされています。腐肉をあさる動物の例にもれず、ミミハゲワシも弱った動物を襲うか、死ぬのを待ち構えているので、こうした姿に嫌悪感を抱く人もいます。冷酷な人や貪欲な人、猛禽のような性格の人を「ハゲワシ」と呼ぶのも、こうした理由からでしょう。

※ 日本には生息していません。

VAUTOUR A TÊTE CHAUVE
N° 5 Série VII 10 Sujets

ホウオウジャク

Vidua paradisaea
スズメ目（カエデチョウ科）
分布：アフリカ

　ソマリアからアフリカ南端にかけて分布し、木の茂るサバンナでイネや草の実をついばみ、白アリや幼虫を食べます。

　メスは年間を通して茶色い縞模様の入った地味な姿の一方、オスは繁殖期になると、華やかないでたちになります。背は黒、腹はベージュ、胸は赤褐色で、4本の長羽からなる巨大な尾は最大40cmもあり、体長を3倍長く見せます。こうした装いで、尾羽でうなるような音を立てながら、終日エレガントで軽やかなディスプレイを繰り返すのです。

　求愛期が終わりに近づく頃には、華やかさは色あせ、メスと同じくスズメのような平凡な姿に戻ります。

　巣作りをせず、ニシキスズメのようなカエデチョウ科の鳥の巣に托卵します。卵はニシキスズメのものと似ているので、当のニシキスズメもまったく気づかずに抱卵したのち、かいがいしくヒナの世話までします。

※ 日本には生息していません。

鳥 名 称 一 覧

和名	学名	目	科
イヌワシ	*Aquila chrysaetos*	タカ目	タカ科
ワタリアホウドリ	*Diomedea exulans*	ミズナギドリ目	アホウドリ科
ヒバリ	*Alauda arvensis*	スズメ目	ヒバリ科
コンゴウインコ	*Ara macao*	オウム目	インコ科
ダチョウ	*Struthio camelus*	ダチョウ目	ダチョウ科
ソリハシセイタカシギ	*Recurvirostra avosetta*	チドリ目	セイタカシギ科
タシギ	*Gallinago gallinago*	チドリ目	シギ科
ハクセキレイ	*Motacilla alba*	スズメ目	セキレイ科
ウソ	*Pyrrhula pyrrhula*	スズメ目	アトリ科
コウラウン	*Pycnonotus jocosus*	スズメ目	ヒヨドリ科
ノスリ	*Buteo buteo*	タカ目	タカ科
サンカノゴイ	*Botaurus stellaris*	ペリカン目	サギ科
キバタン	*Cacatua galerita*	オウム目	オウム科
ウズラ	*Coturnix coturnix*	キジ目	キジ科
オオサイチョウ	*Buceros bicornis*	ブッポウソウ目	サイチョウ科
マガモ	*Anas platyrhynchos*	カモ目	カモ科

和名	学名	目	科
キゴシツリスドリ	Cacicus cela	スズメ目	ムクドリモドキ科
モリフクロウ	Strix aluco	フクロウ目	フクロウ科
シュバシコウ	Ciconia ciconia	ペリカン目	コウノトリ科
アカハシハチドリ	Cynanthus latirostris	アマツバメ目	ハチドリ科
コンドル	Vultur gryphus	タカ目	コンドル科
ニワトリ	Galus galus	キジ目	キジ科
ズキンガラス	Corvus corone	スズメ目	カラス科
ハクチョウ	Cygnus spp.	カモ目	カモ科
ホンケワタガモ	Somateria mollissima	カモ目	カモ科
エミュー	Dromaius novaehollandiae	ヒクイドリ目	エミュー科
ホシムクドリ	Sturnus vulgaris	スズメ目	ムクドリ科
コウライキジ	Phasianus colchicus	キジ目	キジ科
チョウゲンボウ	Falco tinnunculus	ハヤブサ目	ハヤブサ科
ニワムシクイ	Sylvia borin	スズメ目	ズグロムシクイ科
オオフラミンゴ	Phoenicopterus roseus	フラミンゴ目	フラミンゴ科
ミヤマカケス	Garrulus glandarius	スズメ目	カラス科

和名	学名	目	科
オオカモメ	*Larus marinus*	チドリ目	カモメ科
カワウ	*Phalacrocorax carbo*	カツオドリ目	ウ科
カンムリカイツブリ	*Podiceps cristatus*	カイツブリ目	カイツブリ科
ウタツグミ	*Turdus philomelos*	スズメ目	ヒタキ科
ワシミミズク	*Bubo bubo*	フクロウ目	フクロウ科
クロヅル	*Grus grus*	ツル目	ツル科
ヒゲワシ	*Gypaetus barbatus*	タカ目	タカ科
アオサギ	*Ardea cinerea*	ペリカン目	サギ科
ツバメ	*Hirundo rustica*	スズメ目	ツバメ科
クラハシコウ	*Ephippiorhynchus senegalensis*	ペリカン目	コウノトリ科
ナンベイレンカク	*Jacana jacana*	チドリ目	レンカク科
ブラウンキーウィ	*Apteryx australis*	ヒクイドリ目	キウイ科
ライチョウ	*Lagopus muta*	キジ目	ライチョウ科
ニシコウライウグイス	*Oriolus oriolus*	スズメ目	コウライウグイス科
ニシツノメドリ	*Fratercula arctica*	チドリ目	ウミスズメ科

和名	学名	目	科
アラナミキンクロ	*Melanitta perspicillata*	カモ目	カモ科
コウテイペンギン	*Aptenodytes forsteri*	ペンギン目	ペンギン科
カワセミ	*Alcedo atthis*	ブッポウソウ目	カワセミ科
クロウタドリ	*Turdus merula*	スズメ目	ヒタキ科
アカトビ	*Milvus milvus*	タカ目	タカ科
イエスズメ	*Passer domesticus*	スズメ目	スズメ科
ユリカモメと ミツユビカモメ	*Larus ridibundus, Rissa tridactyla*	チドリ目	カモメ科
ハイイロガン	*Anser anser*	カモ目	カモ科
ノガン	*Otis tarda*	ノガン目	ノガン科
インドクジャク	*Pavo cristatus*	キジ目	キジ科
モモイロペリカン	*Pelecanus onocrotalus*	ペリカン目	ペリカン科
ヨーロッパヤマウズラ	*Perdix perdix*	キジ目	キジ科
セキセイインコ	*Melopsittacus undulatus*	オウム目	インコ科
ヨーロッパアオゲラ	*Picus viridis*	キツツキ目	キツツキ科
カササギ	*Pica pica*	スズメ目	カラス科

和名	学名	日	科
モリバト	*Columba palumbus*	ハト目	ハト科
ツリスガラ	*Remiz pendulinus*	スズメ目	ツリスガラ科
シャカイハタオリ	*Philetairus socius*	スズメ目	ハタオリドリ科
ニシブッポウソウ	*Coracias garrulus*	ブッポウソウ目	ブッポウソウ科
サヨナキドリ	*Luscinia megarhynchos*	スズメ目	ヒタキ科
ヨーロッパコマドリ	*Erithacus rubecula*	スズメ目	ヒタキ科
ヨーロッパヨシキリ	*Acrocephalus scirpaceus*	スズメ目	ヨシキリ科
ジャワアナツバメ	*Aerodramus fuciphagus*	アマツバメ目	アマツバメ科
セリン	*Serinus serinus*	スズメ目	アトリ科
ベニヘラサギ	*Platalea ajaja*	ペリカン目	トキ科
ズグロウロコハタオリ	*Ploceus cucullatus*	スズメ目	ハタオリドリ科
オニオオハシ	*Ramphastos toco*	キツツキ目	オオハシ科
ミソサザイ	*Troglodytes troglodytes*	スズメ目	ミソサザイ科
ミミハゲワシ	*Sarcogyps calvus*	タカ目	タカ科
ホウオウジャク	*Vidua paradisaea*	スズメ目	カエデチョウ科

おすすめの書籍、ガイドブック、ウェブサイト

書籍、ガイドブック

Buffon (Georges Louis Leclerc de), Les Époques de la nature, Paléo Éditions, collection «Classiques de l'histoire des sciences», 2000.

ジョルジュ＝ルイ・ルクレール・ビュフォン『自然の諸時期』菅谷暁訳、法政大学出版局、1994年

Burnie (David), Oiseaux du monde. Reconnaître plus de 700 espèces d'oiseaux, «Les guides nature», Larousse, 2013.

デイヴィッド・バーニー『世界の鳥たち：手のひらに広がる鳥たちの世界（ネイチャー・ガイドシリーズ）』後藤真理子 訳、化学同人、2015年

Chansigaud (Valérie), Histoire de l'ornithologie, Delachaux et Niestlé, 2007.

Chatelin (Yvon), Audubon : peintre, naturaliste, aventurier, France-Empire, 2001.

Jiguet (Frédéric), 100 oiseaux des parcs et des jardins, Delachaux et Niestlé, 2012.

Martinet (François Nicolas), Histoire des oiseaux, Éditions H.F. Ullmann, 2011.

Roux (Francis), Dorst (Jean), Audubon. Le Livre des oiseaux, Bibliothèque de l'image, Éditions Bibliographiques, 2000.

ウェブサイト

www.oiseaux-birds.com （フランス語、英語）
www.oiseaux.net （フランス語）

フランス鳥類保護連盟 (LPO) について：
www.lpo.fr （フランス語）

稀少な鳥について：
www.ornitho.fr （フランス語）

庭でのバードウオッチングについて：
www.oiseauxdesjardins.fr （フランス語）

バードライフ・インターナショナル：
www.birdlife.org （英語）

本書に収録されているすべての画像は、下記を除いてÉdition du Chêne
社所蔵のものです。

表紙：© Jean Vigne / Kharbine-Tapabor
背景：© Les Arts Décoratifs, Paris / akg-images
P6, 10, 73：© Coll. IM / Kharbine-Tapabor
P63, 143：© Coll. Jonas /Kharbine-Tapabor
P83：© Coll. Kharbine-Tapabor
P77：© Florigelius / Leemage

LE PETIT LIVRE DES OISEAUX

© 2014, Éditions du Chêne – Hachette Livre
www.editionsduchene.fr
Responsable éditoriale : Flavie Gaidon
avec la collaboration de Franck Friès
Suivi éditorial : Fanny Martin
Directrice artistique : Sabine Houplain,
assistée de Claire Mieyeville
Lecture-correction : Myriam Blanc
Partenariat et ventes directes : Mathilde Barrois
mbarrois@hachette-livre.fr
Relations presse : Hélène Maurice
hmaurice@hachette-livre.fr
Mise en page et photogravure : CGI
Édité par les Éditions du Chêne
58 rue Jean Bleuzen – CS70007 – 92178 Vanves Cedex

This Japanese edition was produced and published in Japan in 2018
by Graphic-sha Publishing Co., Ltd.
1-14-17 Kudankita, Chiyodaku,
Tokyo 102-0073, Japan

Japanese translation © 2018 Graphic-sha Publishing Co., Ltd.

Japanese edition creative staff
Editorial supervisor: Keisuke Ueda
Translation: Hanako Da Costa Yoshimura
Text layout and cover design: Rumi Sugimoto
Editor: Masayo Tsurudome
Publishing coordinator: Takako Motoki
(Graphic-sha Publishing Co., Ltd.)

ISBN 978-4-7661-3108-6 C0076
Printed in China

―― **シリーズ本も好評発売中！** ――

ちいさな手のひら事典
ねこ

ブリジット・ビュラール＝コルドー 著

ISBN978-4-7661-2897-0
定価：本体1,500円（税別）

ちいさな手のひら事典
きのこ

ミリアム・ブラン 著

ISBN978-4-7661-2898-7
定価：本体1,500円（税別）

ちいさな手のひら事典
天使

ニコル・マッソン 著

ISBN978-4-7661-3109-3
定価：本体1,500円（税別）

著者プロフィール

アンヌ・ジャンケリオヴィッチ

環境が専門のエンジニア。数年にわたり、世界自然保護基金やグリンピースに参加し、フランス内外における自然保護活動を行う。

ちいさな手のひら事典 とり

2018年2月25日 初版第1刷発行

著者	アンヌ・ジャンケリオヴィッチ (© Anne Jankeliowitch)
発行者	長瀬 聡
発行所	株式会社グラフィック社
	102-0073 東京都千代田区九段北1-14-17
	Phone：03-3263-4318　Fax：03-3263-5297
	http://www.graphicsha.co.jp
	振替：00130-6-114345

日本語版制作スタッフ

監修：上田恵介
翻訳：ダコスタ吉村花子
組版・カバーデザイン：杉本瑠美
編集：鶴留聖代
制作・進行：本木貴子（グラフィック社）

◎ 乱丁・落丁はお取り替えいたします。
◎ 本書掲載の図版・文章の無断掲載・借用・複写を禁じます。
◎ 本書のコピー、スキャン、デジタル化等の無断複製は著作権法上の例外を除き禁じられています。
◎ 本書を代行業者等の第三者に依頼してスキャンやデジタル化することは、たとえ個人や家庭内であっても、著作権法上認められておりません。

ISBN978-4-7661-3108-6 C0076
Printed in China